8 S
2790

AF611794

L'ART ET LA SCIENCE

EN AGRICULTURE

AMÉLIORATION DES RACES D'ANIMAUX DOMESTIQUES

Par le Mquis de VIRIEU,

PRÉSIDENT DE LA SOCIÉTÉ D'AGRICULTURE
DE LA TOUR-DU-PIN,
VICE-PRÉSIDENT DE LA ONZIÈME SECTION DE LA SOCIÉTÉ
DES AGRICULTEURS DE FRANCE.

Prix : 50 centimes

IMPRIMERIE GÉNÉRALE DE LYON
RUE CONDÉ, 30

1882

L'ART ET LA SCIENCE

DÉPÔT LÉGAL
Rhône
n° 116
1882

EN AGRICULTURE

AMÉLIORATION DES ANIMAUX DOMESTIQUES

B.F.

CHAPITRE PREMIER

Nutrition des plantes. — Méthode nouvelle. Fumure sans fumier.

L'agriculture est le premier des arts, disait-on autrefois; aujourd'hui on affirme qu'elle est une science.

En réalité elle est l'un et l'autre.

L'habileté du laboureur et du semeur, la hardiesse du charretier, l'industrieuse économie de la ménagère, le coup d'œil du maquignon et de l'engraisseur, la propreté et le savoir-faire de la laitière, sont autant de qualités précieuses, qui constituent l'art dans l'industrie agricole.

Mais l'art ne suffit pas.

La terre est une cornue, dans laquelle les matières qui s'y trouvent naturellement, ou qu'on y apporte, se transforment en végétaux.

Les bestiaux sont d'autres alambics qui doivent convertir en muscles, en lait ou en viande les plantes, les grains, les boissons.

Les chevaux sont des moteurs animés, des machines qu'il faut savoir améliorer, modifier, selon les besoins du moment. Tout cela est du domaine de la science.

L'expérience, le tact ont pu suppléer à la science, mais il est incontestable que la connaissance des lois qui régissent les transformations dont je viens de parler, sera d'un grand secours pour l'exploitant. Elle lui évitera des écoles et des mécomptes, elle lui permettra d'arriver avec quelque sûreté au but qu'il veut atteindre.

Je me garderai bien d'entreprendre ici un cours de science agricole, il en existe déjà plusieurs fort recommandables. Mais je crois utile de résumer en quelques pages les données principales de cette science, à l'intention de MM. les directeurs d'orphelinats et des praticiens qui ont rarement le temps d'étudier les gros livres.

Or donc, le secret de la bonne agriculture est de faire produire, le plus abondamment possible et au meilleur marché, les denrées réclamées par la consommation et par le commerce.

Chacun sait que si les aliments fournis aux plantes et aux animaux, les engrais et les fourrages sont de bonne qualité, la réussite est certaine. Et les expériences de M. Ville prouvent qu'on peut avoir, dans du sable calciné, une belle végétation, lorsqu'on y adjoint ce qui est nécessaire à la vie et au développement des plantes semées dans ce sable.

Malheureusement les sols très-riches sont rares et s'épuisent facilement. Les engrais sont chers à fabriquer dans l'étable, chers à acheter. C'est pour cela que les agronomes ont inventé ce qu'ils appellent l'assolement ou la *rotation* des récoltes.

Quel est le but, quelle est la théorie de l'assolement?

Quelques explications sont ici nécessaires.

1° La substance des végétaux est formée de 14 éléments, toujours les mêmes :

Le carbone,	Le phosphore,	Le magnésium,	Le potasium,
L'hydrogène,	Le soufre,	Le calcium,	Le manganèse.
L'oxygène,	Le chlore,	Le sodium,	
L'azote,	Le silicium,	Le fer,	

2° Les différences entre les végétaux sont le fait de combinaisons diverses de ces éléments, de même que chez les animaux les différentes combinaisons des éléments fournis par l'alimentation journalière forment des organes différents : *les os*, *les muscles*, *les graisses*, etc.

Un sol fertile et un bon engrais doivent donc contenir ces éléments constitutifs des végétaux.

3° Sur ces 14 éléments, 11 sont généralement suffisamment répandus dans les terres cultivées. Il n'y a pas à s'enpréoccuper. — Trois d'entre eux, le potassium, le phosphore, l'azote, ne sont ordinairement qu'en petite quantité dans le sol, il faut les y apporter. Ils constituent avec le calcium sous certaines formes chimiques, chaux (1), potasse, phosphates, nitrates, un engrais qu'on peut considérer comme complet.

4° Chacune de ces substances a un rôle obligé dans le phénomène de la végétation ; cependant certaines plantes se nourrissent plus spécialement de l'une ou de l'autre de ces substances.

Quelques-unes, les légumineuses à larges feuilles, telles que le trèfle, la luzerne, les vesces, etc., tirent en très-grande partie l'azote de l'atmosphère.

M. Ville donne le nom de *dominante* à la substance que réclame impérieusement chaque plante.

Les céréales, les graminées des prairies naturelles, les betteraves ont pour dominante l'*azote*.

Les légumineuses, pois, haricots, fèves, esparcette, trèfle, luzerne, pommes de terre, ont pour dominante la *potasse*.

Les maïs, turneps, rutabagas, etc., ont pour dominante *le phosphore*.

C'est pour cela que si une plante est cultivée plusieurs années de suite sur un même terrain, la dominante de cette plante étant en partie absorbée par les récoltes successives, le rendement diminue sensiblement. Le trèfle en particulier ne peut être ensemencé à la même place, qu'après un intervalle de 8 à 10 ans.

Un bon assolement en conséquence est celui qui tire le meilleur parti des ressources de la couche arable, ainsi que des engrais qu'on y introduit, et qui en même temps est susceptible de l'enrichir.

Pour cela faire, il faut que les plantes ayant des exigences différentes se succèdent.

Prenons un exemple, soit l'assolement dit de Norfolk :

1re année Pommes de terres fumées.
2e année Céréales.
3e année Trèfles.
4e année Trèfles.
5e année Céréales.

(1) La chaux fait quelquefois défaut dans le sol ; dans ce cas il faut l'y apporter en assez grande quantité. — Il s'agit alors d'un amendement plutôt que d'un engrais. Dans certains terrains, au contraire, elle est en excès, elle devient alors un grave inconvénient.

La première année une forte fumure a été mise dans le sol.

Les pommes de terre ont pris peu d'azote de ce fumier, elles lui ont demandé des substances minérales, surtout *la potasse*.

La deuxième année, au contraire, la céréale s'est nourrie en grande partie de l'azote conservé en terre.

La troisième et la quatrième année, le trèfle a de nouveau extrait du sol, par ses racines, de la potasse, mais ses feuilles ont aspiré et retenu l'azote de l'air.

La cinquième année, la dernière coupe de trèfle a dû être enterrée et fournir à la seconde céréale une ration suffisante d'azote pris dans l'air.

La rotation commence à la sixième année par une nouvelle fumure copieuse, avec l'obligation de remplacer le trèfle par une autre culture fourragère.

Cet assolement et d'autres analogues ont réussi dans les grandes exploitations, où il y a beaucoup d'animaux, beaucoup de fumier. Il faut, en effet, beaucoup de fumier, puisque chaque année on exporte les produits de la terre et qu'on ne lui rend des éléments de fertilité, que la première et la quatrième année. Toutefois on alterne les céréales et les fourrages. Là est la supériorité de cet assolement sur le vieil assolement triennal, qui se compose de deux céréales se succédant et d'une jachère. J'ai cité l'assolement de Norfolk, parce qu'il devait mieux servir à me faire comprendre. Il a été du reste, dans ces derniers temps, la base de la culture perfectionnée. Mais c'est d'un autre système que je veux entretenir les lecteurs, lequel, bien qu'en réalité conforme à la théorie que j'ai esquissée, est dans la pratique tout différent. Il autorise, en effet, à renouveler les mêmes cultures plusieurs années de suite.

Ici encore il faut une explication.

Le fumier évidemment se compose uniquement des matières contenues dans les fourrages qui ont nourri les bestiaux. Si donc on enterre ce fourrage, au lieu de le faire passer par le corps des bestiaux, on doit obtenir un résultat qui ne peut être inférieur à celui qu'on attend des fumures avec l'engrais de l'étable. Rappelons, d'autre part, que les légumineuses, et en particulier le trèfle, empruntent à l'atmosphère beaucoup d'azote.

Ceci dit, j'appelle l'attention de MM. les Directeurs d'orphelinats sur l'assolement suivant :

1re *Récolte*.— Céréale, blé fumé, si on a du fumier ; dans la céréale, trèfle semé en mars ; *demi-plâtrure* après la récolte du blé et enfouissement en automne du trèfle qui n'aura été ni pâturé, ni coupé.

2° *Récolte.* — Autre céréale, seigle ou orge ; trèfle au printemps, plâtré et enfoui en automne.

3e *Récolte.* — Troisième céréale, avoine ; trèfle plâtré et enfoui.

4e *Récolte.* — Culture sarclée quelconque.

Le sol sera devenu très-riche et la verse est à craindre ordinairement après le troisième enfouissement. Dans le cas contraire, on pourrait continuer les céréales accompagnées du trèfle enfoui.

Que se passe-t-il et comment se fait-il que, contrairement à ce qui a lieu ordinairement, les céréales et le trèfle trois ou quatre fois répétés sur le même terrain, n'ont pas épuisé ce terrain ?

La réponse à cette question se trouve dans ce qui a été dit plus haut.

Le trèfle n'a rien emporté des substances dont il fait sa nourriture spéciale, de la potasse, *sa dominante*, et d'autres substances minérales, puisqu'il n'a pas été récolté et qu'il a été intégralement enfoui. Rien n'empêche donc qu'il se succède à lui-même. Il se retrouvera indéfiniment dans de bonnes conditions pour croître et se développer. D'autre part, il a introduit dans la couche arable, qui l'a recouvert, tout l'azote tiré de l'atmosphère par ses larges feuilles.

Les céréales, trouvant ainsi l'approvisionnement d'azote, *leur dominante*, chaque année renouvelé et augmenté, poussent avec vigueur.

Cependant la terre a perdu ce que le grain et la paille ont exporté de potasse, de soude, d'acide phosphorique, il faut le lui rendre. Cela peut se faire économiquement par le moyen suivant :

On se procurera du phosphate de chaux fossile pulvérisé, on le mettra à l'abri de la pluie sous un hangar, dans une grange, et pendant quatre à six mois on l'arrosera avec du purin et avec les produits des fosses d'aisance, en remuant le tas de temps en temps pour que l'air pénètre et favorise les réactions qui rendent l'acide phosphorique soluble et assimilable par les plantes. On obtiendra le même effet utile en immergeant pendant 10 à 15 jours le phosphate fossile dans du purin additionné de sel marin, dont le prix, s'il est dénaturé, est réduit de 10 fr. les 100 kil.

Le résultat sera limité, car il faut un acide énergique pour attaquer le phosphate fossile. Mais enfin il y aura un premier travail fait dont profitera immédiatement la récolte.

L'acide carbonique continuera l'opération dans le sol.

Ce composé fertilisant, répandu tous les deux ou trois ans à la dose de 300 kil. par hectare 600 au plus, au moment des semailles ou au printemps, en couverture, produira un excellent effet qui s'accusera par une augmentation sensible dans le poids et la quantité des graines. Inutile de dire que les cendres qu'on y ajouterait le compléteraient utilement, en y apportant de la potasse.

Le phosphate peut être encore employé avec le fumier d'étable que l'on saupoudre.

Il est important, on le comprendra, que la pulvérisation soit aussi complète que possible, afin de multiplier les surfaces attaquables.

Quelle que soit la résistance du phosphate fossile à la décomposition, on doit le préférer au superphosphate. En premier lieu à cause de la différence de prix : 5 fr. au lieu de 15 fr. Secondement parce que le superphosphate ne semble pas conserver dans le sol le degré de solubilité qu'il a au moment de la livraison. Des réactions en sens inverse l'y ramènent à l'état chimique du phosphate fossile, et il doit subir à nouveau les mêmes transformations que ces derniers pour redevenir assimilable. Les marchands d'engrais ne seront pas de cet avis, mais je puis apporter à l'appui de mon dire l'opinion de hautes notabilités scientifiques et agricoles.

Des gisements considérables de phosphate de chaux récemment découverts sont exploités en vue de l'agriculture et livrés pulvérisés.

Voici les noms de plusieurs industriels auxquels on peut s'adresser pour s'en procurer :

M. *Baquet*, à Saint-Quentin, ou, 4, rue du Faubourg-Saint-Martin, Paris.

5 fr. les 100 kil., contenant 40 à 50 °/₀ de phosphate.
6 fr. id. 50 à 60 id. —

Sur wagon en gare à Saint-Quentin (Aisne).

M. *Gustave Chéry*, 16, rue Perdonnet, Paris.

5 fr. les 100 kil., contenant 35 à 40 °/₀ de phosphate.
5 fr. 40 id. — 45 à 50 id. —

Sur wagon en gare à Aubréville (Meuse).

5 fr. 60 les 100 kil., contenant 48 à 60 °/₀ de phosphate.
Sur wagon en gare de Vouziers (Ardennes).

M. Chéry a des dépôts dans tous les centres agricoles, disent ses prospectus.

Société anonyme des engrais chimiques, à Paris. M. Joulie, 10, quai de Marne, à Bordeaux. M. Lagache, 30, rue des Allemandiers,

4 fr.	les 100 kil.,	contenant	35 à 40 °/₀	de phosphate.
4 fr. 50	id.	—	40 à 45 id.	—
5 fr.	id.	—	45 à 50 id.	—
5 fr. 50	id.	—	50 à 55 id.	—
6 fr.	id.		55 à 60 id.	—

On voit que la dépense ne peut être un obstacle à l'emploi de ce puissant amendement. Le port dût-il augmenter de 1 à 2 francs, selon la distance, le prix de revient des 100 kilog. atteindra à peine 15 à 30 francs par hectare, pour la dose de 200 à 400 kilog. Et l'effet produit, l'expérience l'a prouvé, différera peu de celui qu'on obtient plus chèrement avec le superphosphate animalisé, qui se vend 26 francs les 100 kilog. En réalité les phosphates fossiles, traités comme il a été dit ci-dessus, sont *animalisés*, c'est-à-dire enrichis de matières fertilisantes azotées.

Pour exposer dans son entier la méthode nouvelle de culture qui est l'objet de cet article, je supposerai qu'un orphelinat vient de se fonder sur une propriété léguée par un testament. Le fermier se sera retiré avec tout son attirail de culture. Le directeur de l'orphelinat doit pourvoir au remplacement des animaux, des instruments, des ustensiles de toutes sortes. D'après les errements habituels, il devra acheter non-seulement les bestiaux de travail, mais d'autres encore pour fabriquer du fumier, c'est-à-dire qu'il devra trouver immédiatement, ou emprunter une grosse somme.

Avec la méthode — à laquelle il est temps de donner le nom de son auteur, M. Gœtz, — avec la méthode Gœtz, il pourra attendre, pour faire cette mise de fonds, plusieurs années. Tout d'abord, il n'achètera que les bêtes de travail, ou même, il pourra faire faire les travaux de labour et de transport par les cultivateurs voisins à un prix convenu et payable après la récolte.

Le domaine se composera probablement de terres bonnes et en bon état, de terres de qualités secondaires, et enfin de terres épuisées, ou médiocres et peu productives.

Sur les meilleures terres on créera des luzernières et on sèmera du blé, et au printemps suivant du trèfle pour commencer l'assolement de la méthode Gœtz. Sur les terres de 2e qualité on portera ce qu'on aura de fumier et on y établira aussi l'assolement Gœtz. Quant aux terres pauvres, qui payeraient mal le travail et la semence, on y accumulera les enfouissements jusqu'à ce que l'aspect de la végétation annonce qu'un enrichissement suffisant a été produit. Pour cela faire on sèmera d'abord les légumineuses les moins exigeantes : lupins, moha de Hongrie, sarrasin, séparément ou en mélange ; le tout sera enfoui avant la formation de la graine en automne. Au printemps on sèmera du trèfle incarnat, jarousses, vesces, qu'on enfouira, encore en fleur. Aussitôt on renouvellera, s'il le faut, l'ensemencement des fourrages d'automne. Après ces 2e et 3e enfouissements, on pourra certainement hasarder une céréale, celle qui conviendra le mieux au terrain, en n'oubliant pas d'y jeter du trèfle pour prendre l'assolement déjà en marche sur les terres meilleures. Après deux ou trois ans pendant lesquels on aura pu tout vendre, grain, fourrage, paille, on aura amassé un petit capital, on aura préparé de la nourriture pour l'étable; on pourra alors acheter le mobilier agricole et peupler les écuries sans se grever d'une dette. Mais ce n'est pas tout.

L'accroissement des prairies permanentes est un avantage incontestable. Il faut en créer beaucoup et avec aussi peu de peine et de dépense que possible. Ordinairement c'est à grands frais de labours et d'engrais que s'établit une prairie. Avec la méthode Gœtz, les frais disparaissent en grande partie. Et, en effet, à chaque enfouissement de fourrage vert, qui a enrichi le sol, on a dû mordre un peu plus bas dans le fond du sillon. Après 4 années de cette pratique, on a atteint facilement 0m45. On peut, du reste, arriver plus bas avec une charrue sans versoir, qui ne relève pas la terre, mais qui augmente ainsi le réservoir d'humidité nécessaire, lorsqu'il s'agit de prairies sèches, non arrosables. La profondeur des labours, du reste, est toujours utile. Dans les pays chauds, elle préserve les racines des dangers de la sécheresse, résultant de l'ardeur des rayons solaires sur la surface. Dans les pays de pluie, elle préserve les racines de l'excès d'eau stagnante.

Disons un mot des prairies.

Les prairies sont de deux sortes ; celles qui doivent être pâturées et celles qui doivent être fauchées. Pour les premières, les plantes qui talent beaucoup et s'élèvent peu, sont préférables ; pour les autres, au contraire, il faut des plantes qui atteignent une certaine hauteur.

Une prairie sera très-productive, si elle est ensemencée de plantes vivaces, mûrissant à la même époque, de telle sorte que toutes soient coupées au moment de leur floraison, et que, par conséquent, elles conservent toute leur valeur nutritive. Trois ou quatre espèces au plus, suffisent pour former une bonne prairie à faucher, et c'est une erreur de *garnir le pied*, comme c'est généralement l'usage. En effet, les plantes basses, qui sont à peine touchées par la faulx, sont inutiles pour le grenier et elles se nourrissent au détriment des autres.

Il est préférable de choisir pour l'ensemencement des prairies à faucher, les espèces précoces, parce qu'elles peuvent donner une seconde coupe assez abondante et quelquefois une troisième. Voici les noms des principales plantes fourragères, que leur précocité recommande :

Fromental avoine élevé,	Rendement abondant
Dactyle pelotonné,	id.
Vulpin des prés,	id.
Paturins, diverses variétés,	Rendement médiocre.
Agrostis vulgaire,	id.
Flouve odorante,	id.

On a obtenu, paraît-il, des résultats merveilleux, en suivant la méthode de M. Gœtz. Il existe en diverses localités des prairies non arrosées donnant des produits considérables en plusieurs coupes. Il va sans dire que ces prairies doivent être fumées régulièrement, mais la méthode *d'enfouissement* du trèfle dans les terres rendant disponible une grande quantité de fumier, il devient facile de donner aux prés des soins et des engrais qui leur sont forcément refusés dans d'autres conditions.

M. Cothias, fermier à Champereux, près Donnemarie (Seine-et-Marne), a mis le système en pratique sur une large échelle. Il a des rendements en foin considérables. Ses terres, de qualité médiocre, ont été fort améliorées, et il a pu augmenter de beaucoup son étable ; je crois n'être pas loin de la vérité en disant qu'il a doublé le nombre de ses bestiaux.

Les praticiens et les agronomes qui me liront, trouveront peut-être que j'ai été trop absolu, dans ces théories, trop précis dans les déductions.

Je sais qu'en agriculture rien n'est absolu, rien n'est précis, parce que tout y dépend de circonstances accessoires, atmosphériques et autres, qui modifient ou détruisent les résultats de lois certaines. Mais il m'a paru nécessaire, pour être bref, de négliger les combinaisons et les accidents de détail, pour ne m'en tenir qu'aux données principales et fondamentales du système. Du reste, le système de culture que je propose n'est pas une simple conception théorique. Il est la règle constante et radicale des exploitations de la compagnie de fertilisation dirigée par M. Coquerel, et cela à tel point que *l'on vend les fumiers.*

La fertilité est entretenue et accrue par l'enfouiessment d'engrais verts additionnés d'une quantité relativement faible d'engrais chimiques, et les résultats sont les suivants :

Les prairies donnent une moyenne de 9,000 k. à l'hectare.

Les blés produisent 25 hectolitres.

Les avoines 40 hectolitres, on espère plus.

Les betteraves 40,000 kil.

Il y a mieux que cela dans les terres qui ont été l'objet d'une attention spéciale.

« J'ai, dit M. Mousseau, régisseur de ces exploitations,
« 30 hectares de diverses qualités soumis continuellement
« depuis huit ans à la même culture pour savoir à quelle
« limite on doit s'arrêter. Or, les récoltes sont chaque
« année de plus en plus abondantes. Avec une dépense
« de 100 à 200 fr. d'engrais (chimiques), ainsi que vous
« l'avez vu, j'ai des récoltes de blé de 30 hectolitres et
« d'avoine de 60 hectolitres, de 50,000 kil. de betteraves. »

L'an dernier, la ferme de St-Quentin a vendu pour 6,000fr. d'*excellent fumier*, et elle a acheté pour 3,000 fr. d'engrais chimiques — bénéfice de ce chef à ajouter à celui des récoltes supérieures, 3,000 fr.

Tout cela renverse les anciennes théories. La tradition protestera peut-être, mais les faits parlent trop haut pour qu'on n'en tienne pas compte. Et il est à noter que ces prairies à gros rendement ont été faites en grande partie dans des terres médiocres qui ont été amendées et enrichies promptement par les légumineuses enfouies successivement et par les engrais chimiques.

Cette pratique est encore une nouveauté. Les prescriptions des maîtres en agriculture étaient au contraire de mettre en fourrages permanents ou temporaires les meilleures terres, et d'améliorer *longuement et chèrement* les autres par la culture.

Je n'ai pas parlé d'engrais chimiques, parce que mon but était d'indiquer le moyen d'arriver à l'amélioration des terres et des rendements avec un minimum de dépenses, le temps aidant.

Mais il est bien certain que l'importation de ces éléments de fertilité hâte le résultat et accroît les profits ; du reste, si au phosphate de chaux et aux fourrages enfouis on ajoute des cendres ou du chlorure de potassium (20 fr. les 100 kil.), à raison de 100 kil. pour les céréales, 300 kil. pour les pommes de terre, on aura suivi à peu de frais la méthode de M. Ville.

CHAPITRE II

Production et amélioration des animaux domestiques.

§§ Ier. *Systèmes divers.* — Les animaux domestiques sont des instruments de travail ou de produit ayant cours sur le marché.

Améliorer une race d'animaux domestiques, c'est donc augmenter son aptitude à satisfaire nos besoins, c'est lui donner une plus grande valeur usuelle et commerciale.

Ce résultat peut être obtenu aujourd'hui, presque à coup sûr, par des moyens que la science a déterminés. Mais il n'en a pas toujours été ainsi. Les lois d'après lesquelles les animaux se reproduisent et, dans une certaine mesure, se *transforment*, n'étaient qu'imparfaitement connues dans le passé. L'empirisme et l'habileté individuelle, l'*art*, étaient les seuls guides de l'éleveur ; de là les mécomptes et les divers systèmes qui se sont succédés.

— Il fut un temps où, sous l'influence de la zoologie, on attendait tout perfectionnement de l'individualité du reproducteur. On ne tenait alors aucun compte des agents extérieurs du sol, du climat, de la nature des fourrages ; on s'inquiétait peu de l'origine, de la généalogie des parents, et le croisement à tort et à travers était considéré comme une nécessité permanente.

Il faut renouveler le sang, disait-on. Buffon et après lui Bourgelat ont enseigné qu'une race multipliée par elle-même et conservée pure de tout croisement devait fatalement dégénerer ; que pour la maintenir à un niveau convenable, il fallait lui infuser souvent un sang étranger et que le mélange des races du Nord, du Midi, de l'Ouest, devait par compensation corriger les défauts de l'une par les qualités de l'autre.

Nous verrons bientôt quel était le danger de cette théorie, formulée dans des termes vagues et en même temps absolus.

Plus tard, lorsque l'agriculture commença à accroître le rendement de la terre, lorsque la physiologie aidée de la chimie put apprécier les éléments dont sont formés les êtres organisés, les agronomes qui voyaient de remarquables changements s'opérer dans leurs étables par le fait de la nourriture devenue plus abondante et plus substantielle, furent amenés à dire qu'une bonne alimentation et des soins constants devaient suffire pour élever le rang des générations à venir, comme ils suffisaient pour modifier sensiblement les individus.

Ils mirent sur la même ligne l'influence du sol et celle des générateurs. Plusieurs d'entre eux même ont soutenu que le corps de l'animal étant un composé, chaque jour renouvelé, de matériaux fournis par les fourrages, l'abondance et la qualité de ces matériaux devaient, sans autre secours, opérer en lui et dans sa descendance tous les perfectionnements désirables.

Là encore il y avait une erreur grave, et cette erreur a eu comme la précédente un illustre patronage, celui de M. de Dombasle.

Enfin, de savantes observations ont conduit à l'appréciation exacte de cette force conservatrice des espèces et des races qu'on nomme l'*hérédité*, l'*atavisme*, et dont l'existence donne la clef des problèmes autrefois insolubles.

En outre, le rôle que jouent le régime et l'exercice des fonctions dans le développement des organes et des aptitudes des animaux a été déterminé, et on a reconnu qu'en combinant l'influence de l'hérédité avec celle de l'hygiène et de l'éducation, on pouvait créer des familles stables dans ces races.

Alors est née véritablement le zootechnie; des leçons de l'expérience ont pu être érigées en corps de doctrine, et des méthodes rationnelles ont été tracées en termes précis.

§ II. *Les lois de la production.* — C'est à M. Baudemont, professeur à l'Institut agronomique de Versailles en 1848, que revient l'honneur d'avoir su reconnaître dans des faits très-divers et cependant corrélatifs, les lois de la production animale.

1° L'espèce est immuable dans ses caractères essentiels.

2° La race est mobile et peut être modifiée dans ses caractères accessoires par les agents extérieurs, le croisement, l'alimentation, l'exercice, le climat.

3° Un père et une mère de race pure, c'est-à-dire appartenant au type de l'espèce, si aucune cause majeure n'y met obstacle, donneront des produits semblables à eux-mêmes, semblables à leurs ancêtres.

4° Les reproducteurs types de l'espèce, ce qu'on appelle le *pur sang* pour l'espèce chevaline, ont en eux toutes les qualités, toutes les aptitudes compatibles avec la nature de l'espèce.

5° La reproduction d'une race ou d'une sous-race, sans alliance étrangère, c'est-à-dire par la *sélection,* confirme et fixe dans la race les qualités spéciales qu'elle a acquises.

6° Lorsqu'il y a croisement ou alliances quelconques, celui des deux reproducteurs qui est le plus rapproché du type de la race pure ou dont le sang est le plus ancien, le plus confirmé, le plus fixe, domine son conjoint et imprime plus que lui son image à sa descendance.

7° Les races éloignées du type de l'espèce, qui sont le produit récent du sol, du climat, de l'alimentation, lorsque ces influences cessent, lorsqu'elles sont transplantées sous un climat différant notablement de celui de leur pays d'origine, ne résistent pas à l'action des agents extérieurs et ne tardent pas à se modifier, à dégénérer. Ces races factices n'ont pas la puissance d'hérédité nécessaire pour agir victorieusement et utilement sur d'autres races.

En résumé, trois facteurs concourent à la formation des individus et des races :

1° L'hérédité, — 2° l'hygiène, — 3° la gymnastique fonctionnelle, selon l'expression de M. Sanson.

En d'autres termes : 1° le reproducteur ; 2° l'alimentation, les soins, le climat ; 3° l'exercice rationnel des fonctions.

§ III. *Définitions.* — Mais avant d'étudier l'application de ces lois, définissons les mots et les choses.

1° *L'espèce.* — La question intéresse la foi non moins que la science. On sait, en effet, que de nombreux systèmes ont été imaginés par les naturalistes et par les philosophes adversaires de la Révélation, pour expliquer autrement que le font les Livres sacrés, l'origine et la diversité des êtres qui habitent aujourd'hui la terre.

Celui de ces systèmes qui, de nos jours, a eu plus de retentissement, bien qu'il semble plus que d'autres condamné par le simple bon sens, est assurément le transformisme, appelé aussi le darwinisme, du nom de son inventeur Darwin.

D'après Darwin, la lutte *pour l'existence*, l'instinct de conservation a poussé les individus à rechercher tous les moyens de se défendre et d'améliorer leur sort, et en même temps de se débarrasser de leurs ennemis. Dans cette lutte, les plus faibles et les moins habiles ont disparu ; de là, à la suite d'efforts continués pendant de longues générations, des aptitudes nouvelles, des organes nouveaux, des espèces, des races nouvelles.

La transformation des êtres inférieurs en animaux d'un ordre supérieur a été une opération lente et incessante qui doit se perpétuer indéfiniment.

Ainsi le cheval, le fier coursier, descend peut-être d'un reptile, — l'aigle a pour ancêtre un moineau ou un moucheron, — et l'homme ne serait qu'un singe amélioré.

Inutile d'ajouter que ces élucubrations d'une science indisciplinée ne reposent que sur des hypothèses et ne peuvent invoquer à leur appui aucun fait sérieux.

L'expérience les dément absolument.

La Genèse, plus précise que les théories qu'on lui oppose, nous donne une notion très-claire de l'espèce :

Ch. Ier, ỳ 12 : « Et Dieu dit : Que la terre produise les « plantes verdoyantes avec leurs semences, les arbres « avec des fruits qui, chacun *selon son espèce*, renferment en eux-mêmes leurs semences pour se reproduire « sur la terre.

.... ỳ. 21 : « Et Dieu créa les grands poissons et tous

» les animaux qui ont la vie et le mouvement,.... *chacun*
« *selon son espèce;* et il créa aussi des oiseaux, *chacun*
« *selon son espèce.*

.... ℣ 24 : « Dieu dit aussi : Que la terre produise des « animaux *vivant chacun selon son espèce,* les animaux « domestiques, les reptiles et toutes les bêtes *selon leurs* « *différentes espèces.* Et cela fut ainsi.

℣. 26 : « Et Dieu dit ensuite : Faisons l'homme à notre « image. »

Les caractères spécifiques qui différencient entre eux les diverses tribus du règne animal sont ainsi formellement indiqués dans la Bible. Nous pouvons donc dire avec certitude :

L'espèce est une réunion d'individus ayant des caractères communs, issus d'un même couple et jouissant de la faculté de se reproduire indéfiniment (1).

En dehors de l'espèce il n'y a pas de reproductions continues.

Des faits de fécondité peuvent avoir lieu entre individus du même genre appartenant à des espèces différentes. Dans ce cas la fécondité est toujours restreinte. — Ainsi l'âne et la jument, le chacal et la chienne, le bouc et la brebis, et *vice versa,* peuvent contracter des mariages féconds ; il pourra même arriver que ces produits soient eux-mêmes féconds entre eux, mais leur faculté génératrice s'éteindra au bout d'un petit nombre de générations.

Flourens n'a pu obtenir que quatre générations de métis issus du chacal et de la chienne, ou du chien et de la femelle du chacal. Buffon, qui a fait une série d'expériences sur les métis du chien et du loup, n'a pas dépassé la troisième génération, et Cuvier, pendant trente ans directeur du Jardin des plantes, n'a pu lui non plus aller au delà de ce terme.

Ainsi l'espèce est limitée par le pouvoir de se reproduire continué indéfiniment à la descendance.

Le *chabin* toutefois et le *léporide* semblent donner un démenti à cette vérité d'expérience, et on ne s'est pas fait faute d'invoquer le témoignage de ces deux hybrides contre l'unité de l'espèce humaine.

(1) Des différences très-apparentes dans la structure, dans le nombre des vertèbres, dans la forme de quelques-uns des os du squelette, ne suffisent pas pour constituer des caractères spécifiques certains, on les rencontre quelquefois chez des individus d'une même race.

Il suffit de quelques explications pour faire disparaître l'argument rationaliste. Le chabin est issu du bouc et de la brebis. On le reproduit depuis des siècles au Chili à cause de sa toison à longue soie qui est dans ce pays l'objet d'une industrie lucrative.

Mais les tendances de chaque génération à retourner au type de l'une des espèces composantes, obligent, pour conserver au pelage les qualités exigées, à faire intervenir de temps en temps et alternativement des reproducteurs des deux espèces.

Là est le nœud de la difficulté. — On voit, en effet, que le chabin reste à l'état d'hybride, et ne peut à lui seul se continuer en formant une *espèce nouvelle.*

Le *léporide* est aussi le produit fécond, a-t-on dit, de l'alliance entre deux espèces distinctes ; il descend du lièvre et du lapin.

On a fait beaucoup de bruit depuis quelques années autour de ce petit animal. Des questions de personnes, des questions de doctrines se sont trouvées mêlées à la discussion qui est née avec lui ; aussi, pour ne pas m'aventurer seul sur ce terrain brûlant, je n'en parlerai qu'en appelant à mon aide un savant professeur du Muséum, M. de Quatrefages. Voici ce qu'il écrit dans son livre intitulé l'*Espèce humaine :*

« Cet hybride dont on a tant parlé se maintient-il « sans présenter le phénomène de retour ? M. Roux l'a « évidemment cru. Mais le témoignage de ceux qui ont « constaté et combattu leur dire ne laisse guère place « au doute. Isidore Geoffroy, qui avait d'abord cru à leur « fixité et en avait parlé comme d'une conquête, n'a pas « hésité plus tard à admettre le retour. Le fait a été cons- « taté au Jardin d'acclimatation et M. Roux lui-même, « au dire de M. Faivre, semble être revenu sur ses pre- « mières affirmations.

« Les observations et les expériences faites à la Société « d'agriculture de Paris démontrent clairement que les « léporides envoyés ou présentés par les éleveurs eux- « mêmes étaient entièrement revenus au type lapin.

« Enfin, M. Sanson, discutant la question anatomique, « est arrivé aux mêmes conclusions. Au reste, quiconque « tiendra compte des observations faites par M. Naudin « sur les hybrides des sinaires reconnaîtra facilement que « le retour et la variation désordonnée se sont montrés « chez les léporides de l'abbé Cagliari, le premier qui ait « obtenu un croisement fécond entre le lièvre et le lapin...

« Il en est de même chez les végétaux, d'après le témoi-
« gnage formel qu'a bien voulu me donner M. Nau-
« din (1). »

Le léporide ne serait donc pas plus que le chabin une souche nouvelle.

La constance de ces phénomènes, c'est-à-dire des lois de la reproduction, nous autorise, disons-le en passant, à considérer la fécondité des alliances entre toutes les familles de l'espèce humaine comme une preuve indéniable de l'unité d'origine de toutes ces familles.

2° *La race.* — « On appelle race, en histoire naturelle,
« une variété constante de l'espèce qui se conserve avec
« l'ensemble de ses caractères et de ses aptitudes, par la
« génération : unité, fixité, constance et puissance d'héré-
« dité. Voilà les trois conditions indispensables de la
« race. » (Sanson, *Principes de Zootechnie.*)

« Toutes les fois qu'une modification quelconque se
« propage par la génération, elle peut faire le type d'une
« race. » (F. Cuvier.)

Il ne s'agit, bien entendu, ici, que de modifications accessoires dans les caractères accessoires, dans le développement, dans la spécialisation des aptitudes.

Lorsque le Créateur dit à l'homme (ch. IV, v. 28, de la Genèse) : « Croissez et multipliez-vous, remplissez la terre,
« dominez sur les poissons de la mer, sur les oiseaux
« du ciel et sur tout animal qui se meut sur la terre, »
il lui a donné le pouvoir considérable, bien que limité, d'approprier à ses besoins, de modifier dans une certaine proportion les êtres des règnes secondaires.

C'est ainsi que plusieurs plantes fourragères ont été transformées en excellents légumes, que des baies sans saveur dans les forêts vierges sont devenues des fruits savoureux.

C'est encore en vertu de ce même pouvoir que l'homme a pu directement modifier, specialiser les animaux domestiques, en un mot, créer des races, nous verrons bientôt par quels moyens.

D'autre part, l'animal subit l'action des milieux dans lesquels il se meut. Ce qu'il y a d'accessoire, de malléable

(1) On cite un hybride du blé et de l'ægilops qui se conserve ; mais sa culture en serre exige de tels soins, de telles précautions qu'il ne peut être considéré que comme une plante artificielle et dépourvue de vitalité.

RF

en lui, se forme ou se déforme sous la pression des influences locales, climatériques et alimentaires.

De là les différences très-marquées de taille, de tempérament, d'aptitudes dans une même espèce.

De là les races, et les variétés dans les races, qui se sont produites sous le concours direct de l'industrie humaine.

Ces races factices, ces créations locales sont dépourvues de consistance. Lorsqu'elles sont transportées au loin, elles sont promptement modifiées par des influences semblables à celles qui les ont formées. Il leur manque une chose essentielle pour se conserver : l'*Hérédité.*

3° *L'hérédité.* — L'hérédité est le pouvoir permanent de léguer par la voie de la génération les caractères, les aptitudes de l'espèce et de la race.

Dans le fait de la procréation, dit M. Gayot, il y a deux choses en effet : la transmission infaillible des attributs essentiels de l'espèce et la transmission éventuelle des caractères secondaires, les particularités qui différencient entre eux les individus de même espèce formant des groupes distincts, qualifiés de race lorsque ces particularités se produisent régulièrement.

L'alliance de deux individus appartenant à une race exempte de croisements donnera naissance à une postérité semblable aux auteurs. Les semblables engendrent les semblables. C'est ce qui arrive pour les animaux vivant à l'état sauvage dans un même pays. Rien ne contrariant les tendances de leur espèce, ils n'ont entre eux que des dissemblances à peine appréciables.

Mais les animaux domestiques ne sont généralement pas exempts de mélange. L'hérédité dans leurs races plus ou moins anciennes, plus ou moins fixées, est complexe ; il en résulte souvent des écarts inattendus. — Et lorsque deux producteurs sont de races ou de familles différentes, c'est celui qui appartient à la race la plus ancienne, la moins mêlée, la plus voisine des types de l'espèce, par conséquent la mieux douée en fait de puissance d'hérédité, qui l'emporte. Plus que son conjoint, il lègue au rejeton son image et ses qualités, ou ses défauts.

4° *L'atavisme.* — L'atavisme se confond avec l'hérédité. « C'est à proprement parler l'hérédité de race, l'influence « collective des ancêtres, des générations précédentes « extérieurement manifestées par la constance et la fixité « des caractères typiques, qui vient se joindre ou se « substituer à l'hérédité moins certaine et moins puis-

« sante des caractères individuels d'un reproducteur. » (Sanson, *Principes de Zootechnie.*)

En d'autres termes, l'atavisme est l'hérédité des ancêtres concentrée, accumulée dans le reproducteur et augmentant son action individuelle, s'il est de race pure, ou agissant indépendamment de lui, on pourrait dire, malgré lui, s'il est d'un sang mélangé.

« L'atavisme prime l'hérédité individuelle, dit encore « M. Sanson, et s'il fallait opter entre deux reproduc- « teurs, dont l'un offrirait avec des qualités moins par- « faites une suite d'aïeux célèbres par leurs mérites « spéciaux, tandis que l'autre ne présenterait comme « garantie que sa perfection individuelle, nul doute qu'il « n'y eût lieu de préférer le premier. C'est ainsi que les « reproducteurs transmettent des degrés d'aptitudes ou « des formes qu'ils ne possèdent pas eux-mêmes, mais « qui sont l'attribut de leur race, » ou de la race à laquelle appartiennent leurs auteurs s'ils sont métis.

On voyait, il y a quelques années, au dépôt d'étalons de Libourne, un vieil étalon demi-sang, nommé *Berthoud*, remarquable par les défauts saillants de sa conformation, et qui, cependant, était fort apprécié dans le pays parce que tous ses poulains étaient bons et régulièrement construits. — Il transmettait sûrement les qualités de ses ascendants, qu'il ne possédait pas lui-même. Or, Berthoud était arrière-petit-fils d'Eylau, *une des meilleures origines* de la Normandie, Eylau était petit-fils de Napoléon, étalon de pur sang anglais d'une grande valeur, et par sa mère de Massoud, étalon arabe également renommé.

Le phénomène physiologique de l'atavisme se produit quelquefois à distance. Ainsi, il arrive que dans une race, dans un troupeau depuis longtemps radicalement modifié par le croisement ou le métissage, le type primitif reparaît isolément. C'est ce que les Anglais appellent *rétrogradation*, et les Allemands, *Rückschlag*, *coup en arrière*.

Il arrive aussi que certaines particularités anatomiques se perpétuent pendant de nombreuses générations, malgré les efforts que l'on fait pour les détruire. C'est ainsi que dans la famille chevaline anglo-normande, le chanfrein busqué qui remonte, dit-on, à l'invasion danoise, c'est-à-dire au xe siècle, résiste encore après cinquante ans d'efforts à l'action du pur sang. Les formes de la tête sont, il est vrai, les plus tenaces et les plus caractéristiques de la race.

Qu'il me soit permis de citer à l'appui de ce qui vient d'être dit, un fait qui m'est personnel. J'ai un poulain (1) issu d'une jument commune et d'un étalon anglo-normand, bien constitué, près de terre, et présentant tous les signes extérieurs du demi-sang.

Ce poulain, cependant, est de toutes pièces le cheval normand du siècle dernier, tel qu'on le voit sur les estampes du temps.

5° *Le pur sang.* — L'atavisme nous amène à dire ce que signifie cette expression *pur sang*, qui du reste n'est en réalité applicable qu'à l'espèce chevaline. Seule parmi les espèces domestiques, elle a conservé intact son type originaire qui, à n'en pas douter, est celui du cheval arabe, de noble race. Il est permis de dire qu'il est encore tel qu'il est sorti des mains du Créateur; sa tradition tout au moins le fait remonter jusqu'au haras du roi Salomon. Il ne s'est pas modifié dans sa forme, dans ses aptitudes, il n'a pas progressé si l'on veut, parce que rien ne change au désert, et que les besoins qu'il a eu à satisfaire sont restés les mêmes. Mais il a été préservé de toute mésalliance, et il s'est perpétué par des reproducteurs dont le choix, à chaque génération, a été fait avec toute la sollicitude que peuvent inspirer l'orgueil et le fanatisme des Orientaux.

Le cheval de pur sang anglais, n'est autre que le cheval arabe transporté au milieu de la civilisation. Il est issu, en effet, de pères et de mères venus du désert. Naissant et se développant dans une région septentrionale, il a pu en ressentir les influences ; le régime auquel il est soumis, les épreuves qu'il doit subir sur l'hippodrome, ont accru ses moyens dans un certain sens ; il a acquis, peut-être aux dépens de l'ensemble de ses facultés, des aptitudes nouvelles, mais il est bien toujours le fils du cheval de race pure.

L'accord toutefois, je dois le dire, n'est pas absolu sur ce point. Quelques auteurs pensent que les premières génératrices du pur sang anglais étaient des juments indigènes et que l'étalon appartenait seul à l'Orient. Les nuages qui entourent le berceau de la lignée ne permettent pas d'opposer des faits et des documents à cette opinion.

D'autres prétendent que toute la valeur du pur sang

(1) Ferme de la maison Basse, à Doissin (Isère).

est dans son ancienneté et dans la fixité qui en est la conséquence, d'où il résulterait qu'avec du temps et des soins on arriverait à former une souche pure, aussi richement douée que celle qui nous vient de l'Arabie. L'expérience ne se fera pas probablement.

Du reste, les éleveurs ont à se préoccuper non de créer le *pur sang*, mais de le conserver dans toute son intégrité; et si on en croit les annales hippiques de nos voisins, il serait fort imprudent de ne pas tenir pour bonne la doctrine des hippologues qui, à l'exemple de M. Gayot, élèvent le pur sang à la hauteur d'un dogme, et qui pensent que la pureté originelle une fois perdue ne se recouvre pas.

En effet, vers 1760, les succès exceptionnels obtenus sur les champs de course par trois étalons issus du fameux Eclipse, Sampson, Enginer et Membrino, dont la filiation n'était pas irréprochable, ont un instant égaré les amateurs et les éleveurs anglais. Leurs descendants furent recherchés pendant quelque temps; mais on ne tarda pas à reconnaître que leurs qualités ne se maintenaient pas dans leur postérité, et que la dégénérescence augmentait à chaque génération. On se hâta alors de rejeter des haras de pur sang tout ce qui avait quelques gouttes de ce sang entaché de mésalliance.

Ce fut à la suite de cette méprise, et pour empêcher le retour de semblables déceptions, que l'on établit régulièrement le Studbook anglais, c'est-à-dire le livre d'or de la race de pur sang, où ne peuvent être inscrits que les individus issus de pères et de mères de pur sang, qui eux-mêmes y sont inscrits.

En tête de l'arbre généalogique figure Darley's-Arabian, étalon de grand mérite, né en Syrie près de Palmyre, et acheté à Alep, en 1710, par M. Darley. De lui descendent les grandes illustrations du turf anglais, entre autres Flyng Chiders, père d'une lignée de Flyngs célèbres, et le fameux Eclipse.

On trouve aussi parmi les ancêtres des chevaux de pur sang anglais, Godolphin-Arabian, grand-père maternel d'Eclipse.

Tout le monde connaît l'histoire de Godolphin-Arabian depuis que Eugène Sue en a fait le sujet de l'un de ses écrits.

Il fut importé en Angleterre par un M. Coke, qui l'avait acheté dans les rues de Paris à la charrette d'un porteur d'eau.

Son nouveau possesseur ne l'avait pas apparemment en grande estime, puisque, à peine arrivé en Angleterre, il le donna, dit la tradition, au propriétaire du café Saint-James. Celui-ci le vendit bientôt à Lord Godolphin, dans le haras duquel il remplit longtemps un office peu honorable. Ce ne fut que lorsqu'un de ses fils de hasard, *Lath*, eut acquis une grande réputation sur l'hippodrome, que l'on eut pour lui toute la considération dont il était digne. Il mourut à l'âge de trente ans, en 1753.

Avant Darley's-Arabian, d'autres étalons arabes avaient été introduits en Angleterre. Le premier dont fassent mention les chroniques saxones est Withe Turck, acheté par Jacques Ier à un sieur Place, qui devint plus tard, dit le chroniqueur, maître des haras d'Olivier Cromwell. — Williers, premier duc de Buckingham, introduisit ensuite The Hemsley Turck, puis Fairfax, Marocco, etc. Mais il n'est guère tenu compte de ces premières introductions et la famille des chevaux de pur sang anglais ne commence réellement qu'à Darley's-Arabian.

A ces garanties généalogiques viennent s'ajouter celles qui résultent des épreuves auxquelles sont soumis dès leur première jeunesse les chevaux et les juments de pur sang, soit pendant le rude travail de l'entraînement, soit dans les luttes de l'hippodrome. Le but sérieux des courses est, en effet, de mettre en l'honneur les plus forts et d'écarter les faibles.

Aussi, chez le cheval de pur sang, les forces de l'hérédité et de l'atavisme sont-elles conservées au plus haut degré de puissance possible. — En lui se trouvent concentrés les germes de toutes les qualités, de tous les perfectionnements dont l'espèce est susceptible.

Il se reproduira semblable à lui-même et se conservera partout, s'il est entouré de soins suffisants, et fût-il réduit à la misère, il se maintiendra longtemps à peu près intact, sinon dans son extérieur, du moins dans son tempérament et dans ses qualités. Les chevaux de race pure que la civilisation a introduits dans les déserts de l'Australie en sont la preuve. Les petits chevaux des Landes et ceux de la Camargue montrent également quelle est la vitalité et la résistance du *sang*.

La déchéance constitutionnelle du pur sang anglais, il est vrai, est notoire aujourd'hui. Les jardons, les éparvins, les cas de cornage sont nombreux.

Mais tout en faisant la part des influences climatériques et, si l'on veut, de la consanguinité inévitable dans la race pure, on doit attribuer ce mal, très-réel malheureusement, aux circonstances qui pèsent sur l'élevage comme une nécessité.

Les courses, actuellement, sont moins des épreuves que des jeux de bourse.

La vitesse est le seul but à atteindre, elle seule fait la renommée et la valeur d'un étalon, elle seule met de l'argent dans la bourse de l'éleveur.

Aussi le cheval qui a gagné, quels que soient les défauts de sa structure ou de son tempérament, est-il le reproducteur le plus recherché.

La sélection ainsi conduite devait fatalement avoir de fâcheuses conséquences.

Qu'il me soit permis de déplorer ici une fois de plus, à ce propos, la destruction de la jumenterie du Pin, que l'école du libéralisme économique a exigée du gouvernement. Il y avait là des richesses de qualités essentielles qu'il sera désormais bien difficile de réunir.

Les produits de cet élevage officiel se comportaient aussi bien que les autres sur l'hippodrome, et ceux qui ne gagnaient pas devenaient d'excellents étalons de croisement.

Or, si l'on en juge par ce que l'on voit souvent partout où on cherche à améliorer les chevaux de service par le pur sang, on est autorisé à croire que le bon étalon de croisement a disparu avec la jumenterie du Pin.

Au dernier concours de Lyon, par exemple, le jury a dû constater que les plus jolis sujets, qui étaient issus d'un étalon de pur sang, avaient tous des jardons et des éparvins très-prononcés.

Passe pour le jardon, il est à peu près inoffensif quand il ne fait pas boiter, mais l'éparvin est toujours une tare sérieuse. Il n'amoindrit pas sensiblement l'effort simultané des deux membres postérieurs du cheval au galop, mais il est un obstacle constant à la détente des jarrets agissant successivement lorsque l'animal est au trot. Aussi aucun des fils de pur sang présentés dans ce concours n'était-il capable de trotter régulièrement.

Les Anglais, qui ne se dissimulent pas la décadence de leur race pure, songent à la relever en lui infusant du sang oriental à haute dose. Il est même question de constituer de toutes pièces une nouvelle souche de pur sang avec des étalons et des juments importés du désert. Et déjà près de Brighton un riche éleveur est entré dans cette voie.

Il y a eu des importations de chevaux orientaux en France de tout temps, et la race limousine, autrefois si renommée, leur devait les qualités qui la distinguaient; mais l'emploi méthodique du pur sang et de ses dérivés pour l'amélioration des autres races, n'a commencé que fort longtemps après que la pratique constante des Anglais en a eu démontré l'utilité. Et ce n'est qu'en 1840, après de longs débats, que le duc des Cars a pu vaincre les résistances qui y mettaient obstacle.

Nous nous sommes étendu un peu longuement sur ces détails technques et historiques, concernant spécialement le cheval, parce qu'ils sont de nature à bien faire comprendre la valeur et la portée des principes dont nous faisons ici l'exposé.

6° *Le croisement.* — On appelle croisement le mariage de deux individus d'espèces ou de races différentes. Leurs produits sont des *métis.*

Dans le premier cas, ces métis dits hybrides, sont inféconds (1), et n'ont par conséquent qu'une valeur industrielle, celle que leur donne leur utilité immédiate. Tels sont les *mulets*, les *chabins*...

Dans le second cas, l'opération a pour but de perfectionner une race défectueuse ou insuffisante au moyen de producteurs mâles.

Si l'étalon améliorateur appartient à une race ayant moins d'ancienneté, moins de fixité, par conséquent moins *d'hérédité* que la race qu'il doit améliorer, il sera impuissant à le faire, il ne pourra lutter contre l'atavisme de la race défectueuse et les défauts persisteront dans la descendance.

Au contraire, si l'étalon est doué comme il convient des forces héréditaires, surtout s'il est de race pure, et s'il agit à chaque génération, il arrivera promptement que la race croisée, celle qui fournit la femelle, sera absorbée par la race croisante, celle dont est issu le mâle.

M. Flourens a démontré par plusieurs expériences qu'après cinq générations la transformation est complète. Il y a pourtant à faire une restriction au sujet du *pur sang.* Le retour à l'intégrité absolue ne semble pas pratiquement possible (2).

(1) Voir le paragraphe *Espèce.*

(2) Voir, § 5, les cas de Sampson, Enginer, Membrine.

7° *Le métissage.* — On entend par métissage non la production des métis, c'est l'affaire du croisement, mais la reproduction des métis entre eux. « Dans cette opération, « dit M. Gayot (1), chacun des types formateurs s'amoin- « drit au profit du résultat cherché. Il en résulte un ani- « mal nouveau, une combinaison nouvelle des forces or- « ganiques, des aptitudes, des formes, lesquelles ne sont « plus exactement celles des ascendants, mais répondent « mieux aux exigences économiques. »

Les métis peuvent-ils être le point de départ d'une race nouvelle? Sont-ils de force à modifier les races devenues insuffisantes, à relever les races abâtardies...? Grande discussion à ce sujet chez les savants.

Les uns soutiennent qu'il ne résulte du métissage le mieux conduit que des modifications passagères qui ne sont pas de nature à constituer une race. On pourra, par d'habiles combinaisons, obtenir des bestiaux précoces, des *machines* à viande perfectionnées, d'excellentes laitières, des chevaux de chasse énergiques ou de puissants trotteurs; mais les qualités précieuses qu'on aura réussi à développer ne seront pas inhérentes, essentielles, à la descendance des métis. La confusion, la variabilité seront fatalement la conséquence inévitable de son origine multiple. L'atavisme des races composantes, agissant séparément ou en sens contraire, tendra à faire reparaître les caractères de chacune d'elles ou les caractères de l'une au détriment des caractères de l'autre. De là les écarts, les coups en arrière, preuves de l'inconsistance de la nouvelle race qui, si on l'abandonne à ses propres forces, devra revenir à l'un ou à l'autre des types dont elle descend.

Les autres disent que la *puissance d'hérédité* s'acquiert en s'accumulant, qu'ainsi se sont constituées dans les diverses espèces les nombreuses races actuellement existantes, et ils citent les familles de récente formation qui sont parfaitement caractérisées par leurs qualités spéciales et par la continuation de ces qualités de générations en générations, telles que les races anglaises et françaises améliorées, lesquelles datent à peine d'un siècle, les moutons Dishey, les Southdown, la race bovine du Nivernais, faite de Charolais et de Durham, le troupeau de la Charmoise, né de brebis berrichonnes et de béliers Newkent,

(1) *Encyclopédie de l'Agriculture.*

les chevaux demi-sang anglo-normands et les anglo-arabes de la plaine de Tarbes.

Ils rappellent enfin des faits notoires d'amélioration obtenue par des étalons appartenant à ces familles nouvelles, et en concluent qu'elles ont les caractères de fixité qui font les races.

La vérité absolue est incontestablement dans la doctrine des premiers, c'est-à-dire de ceux qui refusent le nom de race à tout ce qui ne présente pas des particularités fondamentales, organiques et anatomiques, non, bien entendu, dans la structure essentielle de l'animal, mais dans l'ensemble de son être et de ses fonctions ; de ceux qui pensent qu'une race éloignée du type de l'espèce a une tendance à dégénérer, tout au moins à se modifier, si elle est placée hors des milieux qui l'ont formée, ou qui l'ont développée ; de ceux qui affirment qu'une race amenée à un certain degré de perfection par des soins ou par le croisement, ne se conservera pas, ne résistera pas aux influences fâcheuses de la localité, si on ne vient à son secours en lui infusant de temps en temps quelque peu du sang qui l'a antérieurement améliorée.

Mais dans la pratique agricole on peut être moins rigoriste.

Il faut reconnaître, en effet, qu'il existe plusieurs tribus nées du croisement et du métissage, ayant une physionomie propre et des mérites particuliers, qui, toutes les fois qu'elles comptent un certain nombre de générations, se reproduisent assez régulièrement. Ces groupes possèdent par conséquent à un degré suffisant la fixité de l'hérédité, pour qu'on puisse leur demander des étalons améliorateurs à l'usage des races inférieures. Les produits n'auront pas, il est vrai, une uniformité constante ; mais en somme ils seront satisfaisants et souvent plus rémunérateurs que ceux qui seraient nés de parents de race pure.

Si on apercevait quelques traces de rétrogradation, on pourrait toujours y remédier en demandant un nouvel apport aux races composantes.

Il est à remarquer toutefois que les conditions de réussite ne sont pas identiques pour toutes les espèces domestiques.

Chez le cheval il s'agit de développer ou de conserver les qualités les plus relevées, les plus nobles de l'organisme et du système nerveux, l'énergie, la vitalité, l'agilité, l'*intelligence*.

Chez les autres animaux de la ferme, au contraire, c'est à l'atténuation des forces actives, c'est à la prédominance du tempérament lymphatique que l'on demande les perfectionnementa aujourd'hui nécessaires; de telle sorte que les bœufs, les moutons, les porcs les plus parfaits sont des êtres, au point de vue zoologique, notablement affaiblis, presque maladifs, on pourrait dire dégénérés.

Des soins continus, une alimentation succulente, pourront perpétuer dans la race ce genre d'amélioration obtenu aux dépens de la constitution normale de l'animal. Il en sera probablement de même de l'amélioration d'une race réalisée conformément aux besoins et aux ressources de la région.

Ainsi il est à croire que la belle race bovine au pelage blanc du Nivernais se maintiendra désomais à son niveau sans qu'il soit besoin de recourir au Durham qui a été le point de départ de ses premiers progrès.

Il pourra en être encore de même pour les races de gros trait, dont le principal mérite est dans leur masse et dans la force inerte de leur poids.

Mais, pour conserver à sa valeur une race de chevaux à allure rapide, aux formes élégantes, au tempérament robuste et résistant, pour la garantir contre les atteintes du temps et des agents extérieurs, et contre les tendances de leur propre nature, il est indispensable que des apports empruntés directement ou indirectement à la source primitive, au pur sang, viennent de temps en temps y fortifier l'hérédité et combattre les germes de dégénérescence.

8° *Croisement et métissage à l'envers.* — On a appelé ainsi le mariage d'une poulinière de pur sang ou demi-sang avec un étalon moins distingué qu'elle. Le but proposé est ordinairement d'obtenir du volume, du poids, un caractère paisible, sans trop perdre de l'élégance et des autres qualités que donne le *sang*.

Ce procédé fort vanté par quelques éleveurs peut donner de bons résultats lorsqu'il est employé dans certaines conditions et avec tact. Mais généralisé sans règle, il doit conduire à des mécomptes.

C'est encore aux lois de la génération qu'il faut demander l'explication de ces effets très-différents.

Si la jument est de pur sang et si l'étalon est un demi-sang distingué quoique renforcé, les influences héréditaires des deux parties contractantes ne se trouveront pas en opposition. Celles que possède l'étalon seront de force à se défendre et à agir presque de compte à demi avec celles de la jument de pur sang.

De l'association intervenue entre ces deux puissances similaires, bien que distinctes, se formera le produit intermédiaire que l'on recherche.

Les choses se passeront de même si la jument est de demi-sang.

Mais si on unit des étalons de gros trait communs à des juments de sang plus ou moins légères, on fera naître très-probablement des individus à tous égards défectueux.

Dans ce cas la distance qui sépare les conjoints est trop grande, leurs tempéraments, leurs origines sont trop disparates pour qu'il n'y ait pas entre eux une lutte inégale au détriment des rejetons.

L'hérédité de la mère l'emportera pour l'ensemble, pour la physionomie et le *moral*, mais le père ne sera cependant pas complètement évincé. De là des écarts sans nombre, de grosses têtes communes et des membres minces, de larges ventres et des jambes trop longues, des croupes avalées et un avant-main léger, ou encore des *ficelles* de grande taille, au corps étriqué, à la poitrine étroite, faibles de partout, en un mot des non-valeurs. Il est vrai que l'atavisme de par la mère pourra agir utilement sur les générations suivantes si les accouplements sont judicieusement conduits. Mais on aura fait tout d'abord une mauvaise opération. Ce croisement à l'envers n'est donc pas d'une pratique simple, et on ne doit en user qu'après s'être rendu compte des conditions et des rapports généalogiques dans lesquels se trouvent les deux reproducteurs.

9° *La sélection.* — Le mot sélection veut dire choix. En tant que procédé zootechnique, sélection signifie donc proprement amélioration d'une race par elle-même (*in and in*, disent les Anglais), par des reproducteurs des deux sexes pris parmi les meilleurs de la race. C'est toujours la combinaison des forces de l'atavisme et de l'hérédité individuelle en vue d'un but déterminé.

Nul doute que ce procédé ne soit le plus sûr, sinon le plus rapide, pour obtenir le perfectionnement d'une race dans les *limites de ses qualités natives*, mais sans pouvoir aller au delà.

Ce qui est acquis par la sélection l'est définitivement,

la fixité suit chaque progrès accompli, l'amélioration avance sans jamais reculer. Mais l'idée seule de sélection suppose l'existence d'une race caractérisée, digne d'être conservée et, par conséquent, en état de fournir un certain nombre de reproducteurs dont le mérite absolu ou relatif sera un point de départ certain de l'amélioration générale.

S'il en était autrement, s'il s'agissait d'un groupe d'animaux abâtardis, défectueux par le squelette et par les organes, sans qualités, sans avenir, la sélection ne pourrait produire aucun bien. Elle trouverait pour premiers obstacles l'hérédité, l'atavisme qui tendraient à perpétuer les défauts en leur donnant un nouveau degré de ténacité. Et dans le cas même où il resterait quelques qualités bonnes à recueillir, il faudrait beaucoup de peine et de temps pour atteindre un niveau qui sera toujours peu élevé.

La sélection, en effet, n'apporte avec elle aucun élément nouveau. Elle ne saurait faire surgir des mérites dont elle ne rencontre pas au moins le germe sur son passage. Et qu'on ne se méprenne pas sur la portée des résultats qu'ont obtenus d'habiles éleveurs par la sélection. Cette méthode n'a pu avoir d'autre effet que de solliciter, que de développer les aptitudes qui se trouvaient déjà dans la race, en favorisant l'action uniforme de l'hérédité que rien ne venait contrarier.

10° *La consanguinité.* — La consanguinité est le dernier terme de la sélection. Elle est, d'après M. Gayot, la loi d'hérédité agissant à puissances cumulées, ainsi que deux forces parallèles agissant dans le même sens (1). M. Sanson exprime la même idée, en disant que la consanguinité élève l'hérédité à sa plus haute puissance (2).

De temps immémorial, la consanguinité a été considérée comme une cause fatale de dégénérescence, et jusqu'à l'époque où de hardis novateurs l'ont pratiquée avec succès, les éleveurs l'évitaient scrupuleusement.

La question intéressant à un haut degré l'espèce humaine, la médecine devait s'en occuper. Elle l'a fait en diverses circonstances. Le docteur Devay, en particulier (3),

(1) *Encyclopédie de l'Agriculture.*

(2) *Principes de Zootechnie.*

(3) De Lyon.

a donné un grand éclat au débat par la publication d'un livre fort savant, dans lequel il condamnait les unions consanguines comme absolument dangereuses, et s'attachait à mettre ses lecteurs en garde contre les mariages entre les membres de la même famille. Son opinion a été chaudement soutenue; mais elle a été très-vivement contredite au point de vue doctrinal, par quelques écrivains de mérite.

Ces derniers nient formellement que la consanguinité puisse avoir par elle-même une influence fatale.

Le danger, disent-ils, n'est pas dans le fait seul du mélange de deux sangs ayant une origine commune très-rapprochée. Il réside uniquement dans le surcroît d'intensité que donne dans ce cas l'*hérédité* ainsi multipliée par elle-même, aux prédispositions constitutionnelles de la famille.

Les faits apportés en témoignages par le docteur Devay ne sont pas contestés; mais on en trouve l'explication dans des germes morbides existant antérieurement, ou dans des tendances devant, en se concentrant, aboutir au mal signalé.

Il est certain que les populations vigoureuses des hautes montagnes contractent habituellement et sans trop de dommage, des mariages qui sont consanguins, même en dehors de la parenté reconnue. Il est certain encore que la race juive, bien qu'on l'accuse d'avoir beaucoup de sourds, n'a pas dégénéré dans son ensemble par suite des alliances entre juifs et entre proches parents qui se renouvellent depuis Abraham.

D'autre part il est incontestable que dans l'espèce chevaline la race arabe, bien que se reproduisant forcément par des alliances dont la parenté n'était pas exclue, s'est conservée intacte jusqu'à nos jours.

Il en eût été de même sans doute de la race pure européenne si le choix des reproducteurs avait été fait avec plus de scrupules. Nous avons signalé plus haut la cause de ses défauts récents. Il faut toutefois reconnaître que les comptes rendus des courses accusent chez les lutteurs les plus méritants de nos hippodromes une puissance, une énergie qui sont l'opposé de la dégénérescence.

Il faut donc croire que lorsque les tendances héréditaires de la famille et de la race sont bonnes, les qualités se conservent et augmentent dans la descendance par le fait des unions consanguines; lorsque ces tendances sont mauvaises, lorsque quelques vices du sang, quelque cause latente d'infirmité entachent la lignée, on doit s'attendre à voir le mal persister et empirer.

Comme il n'existe probablement pas une seule famille humaine, tout au moins dans les pays de grande civilisation, qui soit absolument indemne, les pères et les mères feront bien de suivre les conseils que leur donne le docteur Devay et de s'opposer aux mariages entre parents.

Mais les éleveurs peuvent exploiter utilement, en vue d'un résultat cherché, les qualités, les inclinations physiques et même certains défauts d'une race en dirigeant, par la consanguinité, l'action de l'hérédité vers ce but.

Là est le secret des succès obtenus en Angleterre et en France par la sélection exercée dans les plus proches degrés d'un même sang.

C'est par la sélection et les accouplements consanguins que les frères Colling ont créé le troupeau qui est devenu la race de boucherie, dite de Durham, l'une des plus remarquables conquêtes de l'industrie du bétail.

L'histoire de ce début est très-intéressante au point de vue de la zootechnie; car elle est, au même titre que les annales du cheval de pur sang anglais, la démonstration de ce que cette science enseigne sur l'hérédité.

« Hubback, le fameux taureau (souche première de « cette race), avait été acheté à l'état de veau, suivant « sa mère sur la borne des chemins, pour y paître une « assez médiocre nourriture. Ce veau, qui attira l'atten- « tion des habiles fermiers par sa belle conformation, ap- « partenait, ainsi que la mère, à un pauvre journalier. « Le régime auquel ils le soumirent développa beaucoup « sans doute son aptitude à l'engraissement; mais pour « qu'elle pût atteindre le degré d'exagération qui le ca- « ractérisa plus tard, il fallait bien que l'animal en eût « hérité, dans une certaine mesure, d'un de ses parents, « sinon des deux (Sanson, *Principes de Zootechnie*). »

C'est encore par les mêmes procédés que Bachwell a obtenu la race de moutons qui porte le nom de son exploitation Dishley, et aussi ces énormes chevaux de brasseurs (*black-horse*), que la reine Pomaré a cru être des éléphants européens (1).

En France la consanguinité a donné la race des moutons mérinos à laine soyeuse de Manchamp, issue d'un

(1) Ces chevaux atteignent la hauteur de 2 m. 10 c., et leur croupe est souvent large de 93 centimètres.

seul agneau né avec cette particularité. En résumé, la sélection et la consanguinité peuvent être des instruments d'amélioration pour qui sait s'en servir, mais pratiquées systématiquement là où les éléments d'amélioration font défaut, elle ne peuvent produire que la perpétuation de l'infériorité à laquelle on voudrait remédier. Dans ce cas désespéré une seule chose est à faire : importer des étalons étrangers appropriés à la situation.

II. *Gymnastique fonctionnelle.* — Le mot est de M. Sanson, actuellement professeur de zootechnie à l'Institut agronomique. Il désigne les procédés hygiéniques à l'aide desquels les fonctions des animaux peuvent être méthodiquement exercées en vue de leur perfectionnement et du développement des organes qui concourent à leur exécution.

Ces procédés sont l'alimentation, les soins et les exercices spéciaux.

Leur action ne va pas au delà des aptitudes et, dans une certaine mesure, des formes.

Mais qu'il s'agisse de sélection, de croisement ou de métissage, leur intervention est nécessaire pour assurer la complète réussite de l'opération.

Lorsqu'un membre, un muscle sont constamment exercés sans qu'il y ait un excès de fatigue produisant l'usure, ce membre, ce muscle, augmentent de volume et acquièrent de la force. Le bras du forgeron, le mollet du danseur fournissent la preuve de cette assertion. Et si tous les appareils de l'économie vivante sont exercés en même temps, il en résulte un développement général. Enfin, si certains organes sont laissés en repos pendant que d'autres agissent, ils restent dans un état d'infériorité marquée

Voici l'explication de ce phénomène :

L'exercice, le mouvement ont pour conséquence immédiate de faire affluer le sang vers la partie exercée et d'y augmenter les apports nutritifs, et aussi d'activer la combustion des principes *hydrocarbonés* ou graisseux, par leur combinaison avec l'oxygène du sang.

Le mouvement local, plus encore le mouvement général, produit l'accélération de la circulation générale et de la respiration.

Le sang se revivifie plus souvent dans les poumons au contact de l'air atmosphérique en lui abandonnant les résidus de la combustion ramenés par les veines ; la métamorphose des aliments et leur assimilation sont plus rapides et plus complètes ; les artères portent dans toutes les parties du corps une plus grande quantité de matériaux réparateurs ; la puissance musculaire, l'énergie des contractions s'accroissent, les aptitudes se développent.

Mais si l'équilibre est rompu ou déplacé, si la circulation sanguine est en partie détournée au profit d'un ou de plusieurs organes et au détriment des autres, il arrive que les premiers gagnent et les derniers perdent.

Les organes de la nutrition ne sont pas moins susceptibles que ceux de la locomotion de développer les aptitudes qui leur sont propres. Sous l'influence d'une nourriture abondante et substantielle prodiguée dès le jeune âge, ils acquièrent une puissance d'assimilation et une prépondérance qui font qu'en un moindre espace de temps, l'animal mis à ce régime atteint le terme de sa croissance, et que plus facilement qu'un autre il parvient à un état complet d'engraissement.

Par la stabulation absolue, par le fait du repos constant des organes mécaniques, qui est ici nécessaire, leur achèvement régulier est entravé. Les os restent minces, les membres courts, la circulation et la respiration étant plus lentes déterminent une moindre déperdition des matières carbonées, qui s'infiltrent en abondance dans les tissus. Toutes les forces vitales se concentrent dans le tronc pour y former des amas de chair et de graisse aux dépens des extrémités inactives.

L'entraînement des chevaux de course est le type le plus complet et le plus remarquable de la gymnastique fonctionnelle. La nourriture, le mode de pansage, les exercices progressifs, sont combinés de façon à porter à un haut degré de puissance l'appareil locomoteur et les organes respiratoires.

C'est à deux ans, quelquefois à dix-huit mois, que le cheval de course est soumis aux pratiques de l'entraînement, et ce sont, on le comprendra, les premières phases de ce travail, celles qui prennent le jeune animal avant sa complète formation, qui sont les plus importantes. Elles ont sur sa constitution une influence décisive. La préparation immédiate aux luttes de l'hipprodrome, qui doit se renouveler tous les ans, n'est que secondaire.

C'est aussi par l'exercice, en attirant, par des traites journalières, le courant sanguin vers les glandes qui sécrètent le lait, que l'on a développé et que l'on entretient la faculté laitière. Là où les populations ne se nourrissent pas de laitage, les plus belles races suffisent à peine à nourrir leurs veaux. Là où les habitudes opposées existent, il n'est pas une vache qui ne donne une certaine quantité de lait.

La race bovine de Schwitz en est un exemple frappant. Très-laitière dans son pays d'origine, où elle est depuis plus de mille ans l'objet de soins intelligents dans le domaine de l'abbaye d'Einsiedeln, elle a conservé cette même qualité dans le pays d'Aubrac, où elle a été très-anciennement importée par les bénédictins; elle est devenue à peu près improductive, sous ce rapport, dans le département du Gers, qui en est aussi redevable à ces religieux. On sait que les populations gasconnes ont pour le lait et le beurre une répulsion invincible.

Par elle-même la gymnastique fonctionnelle ne peut rien que d'accessoire et de temporaire. Cependant, les résultats acquis par l'exercice aux muscles, au squelette, à la conformation totale et aussi aux facultés de l'*intelligence* peuvent arriver à un certain degré de permanence que l'hérédité se chargera de rendre définitive à la longue, autant que faire se peut.

La conquête est plus précaire pour les modifications obtenues au profit des fonctions de nutrition. Elle n'a même, dans les races spécialisées, qu'une fixité relative, qui doit être soutenue, à chaque génération, par une succession non interrompue de soins particuliers. Si les causes qui les ont produites cessent, l'individu et la race retournent à leur état naturel. C'est ce qui arrive au bœuf Durham, au mouton Dishley et à leurs semblables, lorsqu'ils se trouvent dans des situations où l'alimentation et les conditions nécessaires à la conservation de leur *appropriation* font défaut.

C'est pour cela encore que les races de chevaux de gros trait, dont le volume et le poids sont dus aux fourrages et au climat de leur région, se reproduisent mal ailleurs, et que les étalons qu'on leur emprunte pour améliorer les races habitant des pays moins riches, échouent immanquablement en cette tâche.

CHAPITRE III

Des moyens pratiques d'améliorer les races.

De ce qui précède, il ressort que l'homme peut agir sur les races domestiques par divers procédés qu'indiquent les circonstances et le but à atteindre :

1° Par le choix sévère des reproducteurs pris dans la race, par la *sélection*, la *consanguinité*.

2° Par l'importation d'étalons d'un type supérieur, le *croisement*, suivi du *métissage*.

3° Par l'alimentation et des exercices spéciaux, la *gymnastique fonctionnelle*.

Pour s'en tenir à la sélection, il faut que la race à perfectionner ait une importance numérique, un ensemble de qualités et une valeur commerciale méritant qu'on s'occupe d'elle. Il faut supposer en outre le concours et l'accord de quelques grands propriétaires, de quelques gros fermiers, ou à leur défaut, une ingérence officielle incessante.

Dans ce cas, la marche à suivre est simple : choisir les meilleures femelles et les livrer à des étalons ayant au plus haut degré les caractères et les aptitudes de la race, et en même temps une structure aussi correcte, aussi exempte de défauts que possible.

En second lieu, établir un registre généalogique où seront inscrits dans le principe les plus remarquables représentants de ladite race, et ensuite les produits qui seront nés d'eux.

S'il y a lieu de développer certaines particularités, les plus habiles le feront.

Que l'on ajoute à cela quelques expositions périodiques, quelques primes, des courses locales, il s'agit des chevaux, pour les sujets inscrits sur le registre et pour leurs produits, et l'amélioration se poursuivra de proche en proche, mais lentement.

La sélection a été fort vantée en ces derniers temps, alors que sous le drapeau du libéralisme commercial on faisait une guerre acharnée à l'administration des haras. La pratique a du bon, nous l'avons dit. Il ne faut pas se le dissimuler, cependant, toutes les fois qu'il s'agira, non de conserver un groupe doué de qualités certaines et exempt de vices marquants, mais bien de relever de plusieurs degrés le niveau d'une race chez laquelle les imperfections sont nombreuses, on n'arrivera que très-lentement. Alors mieux vaudra profiter des éléments améliorateurs existant ailleurs, et opérer *discrètement* par le croisement. C'est ce qu'ont fait, tout en s'en défendant *fort*, les Nivernais, qui ont si heureusement mélangé le sang Durham avec le vieux sang charolais. En peu de temps ils ont transformé l'ancienne race bovine de la contrée, en lui conservant son pelage blanc et sa physionomie. Avec le croisement rationnellement dirigé, on marche plus vite.

Une race est médiocre, elle pèche par les formes, par le tempérament, son utilité est restreinte, on veut obtenir d'elle des services ou des produits plus rémunérateurs, on veut accroître sa valeur vénale en lui donnant un extérieur plus élégant, il n'y a pas à hésiter, il faut demander des étalons à une race supérieure.

Séparons ici l'espèce chevaline des autres pour lui réserver un paragraphe spécial.

En ce qui est des autres races, deux cas peuvent sa présenter : ou bien on visera aux produits maxima de le spécialisation, la viande, le lait, la laine.

Ou on recherchera l'amélioration générale à la portée de tous ;

Ou encore on ne songera qu'à obtenir des produits immédiats et passagers, sans s'inquiéter de créer une souche.

Dans le premier cas, il faut employer uniquement et à chaque génération un étalon pris dans une race possédant la spécialité que l'on veut introduire dans son troupeau ou dans la race locale, jusqu'à ce qu'elle paraisse y être fixée. La transformation étant arrivée à ce point, l'œuvre pourra être continuée par le métissage, sauf à revenir accidentellement au sang qui a apporté l'amélioration, s'il en est besoin.

Dans la plupart des situations, il vaut mieux opérer de cette manière que d'importer la race de toute pièce, mâles et femelles. On diminue par là la première mise de fonds et on évite les difficultés de l'acclimatation, qui quelquefois compromettent l'entreprise. Quatre à cinq générations suffiront pour compléter la transformation de la race croisée.

Si on n'a pour but qu'une amélioration générale en vue du marché et des habitudes de la contrée, on devra demander des reproducteurs à la race qui sera la plus rapprochée par ses aptitudes, par son aspect extérieur, de la race à améliorer. On sait, en effet, que la couleur de la robe, la forme des cornes et autres particularités secondaires ont dans la plupart des pays d'élevage une influence décisive sur la valeur vénale des bestiaux. On sait aussi que, tandis que les porcs très-améliorés, tels que les New-Leicester, sont très-appréciés dans le midi de la France, où le saindoux remplace le beurre, ils sont repoussés dans le centre et dans l'est, où on préfère une viande moins grasse.

Le plus sûr pour l'éleveur agriculteur sera toujours de chercher à produire dans les conditions les meilleures les animaux que réclament les consommateurs de la localité.

Enfin, s'il s'agit d'une spéculation immédiate, étrangère à toute pensée d'amélioration ultérieure, il sera encore avantageux de se servir des femelles qu'on a sous la main.

Veut-on avoir du lait en abondance ? Qu'on se procure un taureau d'une race renommée pour ses aptitudes laitières, lui-même très-*bien marqué*, et qu'on peuple son étable de vaches du pays aussi bonnes laitières que le comporte leur origine, sans s'inquiéter de leur extérieur, de leurs défauts, de leur taille, et on arrivera promptement à avoir un rendement qui, sans être égal à celui des vacheries modèles, sera satisfaisant et peut-être, en fin de compte, plus rémunérateur.

Veut-on vendre à la boucherie? Un bon taureau Durham et les vaches de la race locale, un bélier Southdown ou Dishley et les brebis communes donneront le jour à des produits défectueux peut-être, mais ayant autant et plus de poids que si les femelles étaient plus distinguées, et une précocité à peu près égale. Cela est surtout vrai pour les moutons. M. de Béhague, l'habile agriculteur, s'est bien trouvé de cette pratique, et j'ai eu moi aussi à m'en applaudir. Peu importe ce que deviendront dans la suite ces métis : ils vont à l'étal, ils disparaissent avant d'avoir leur entière croissance, avant d'avoir eu aucun rejeton. S'ils ont été vendus à un prix relativement élevé, la spéculation a été bonne.

Lorsqu'il s'agit de l'espèce chevaline, la question est moins simple; en d'autres termes, la latitude est moins grande et on ne peut sans inconvénient s'écarter des règles tracées par la zootechnie.

Toutes les fois que l'on voudra obtenir dans le cheval des qualités autres que celles qui proviennent du poids et de la masse inerte de l'animal, toutes les fois que l'on recherchera la vigueur, la vitesse, à un degré quelconque, le pur sang est directement ou indirectement la seule source d'amélioration.

Toutes les fois que la race à améliorer habite une contrée où le climat et les fourrages ne produisent pas naturellement ce poids et cette masse qui font la puissance du cheval de gros trait, on échouera infailliblement si on emploie comme étalon de croisement un reproducteur qui n'aura pas plus ou moins de *sang*, c'est-à-dire qui n'aura pas parmi ses ancêtres rapprochés un père tenant à la race pure.

Dans les grosses races dont les caractères et le tempérament sont le produit des influences locales, le système musculaire et le système lymphatique prédominent, l'influx nerveux est presque nul, l'hérédité est considérablement atténuée en raison de leur éloignement du type de l'espèce. Les reproducteurs issus de ces races vulgaires et factices ne peuvent rien de bon hors de leur pays d'origine. Ecoutons sur ce sujet M. Gayot : « Toute tentative pour améliorer une race quelconque par le cheval commun de trait breton, percheron, boulonnais, n'a abouti qu'à un complet insuccès. Les essais de transplantation de la race en vue de la reproduction sans mélange, n'ont pas été plus heureux.

« Nulle part le cheval commun ne s'est répété semblable à lui-même. Nulle part il n'a créé l'apparence d'une famille. Il a multiplié la robe qu'il porte, et c'est tout. Mais il n'a mis aucun obstacle à la multiplication des animaux informes et décousus, il a fourni son contingent de gros corps mal faits et de membres grêles. — Où il est venu, ont continué à se produire les têtes insignifiantes ou bêtes, les grosses et lourdes encolures, les dos creux, les reins mal attachés, les croupes surélevées et de forme avalée, les queues basses et noyées, les côtes plates et courtes, c'est-à-dire les poitrines inachevées, les flancs creux, les ventres volumineux, les canons minces, les tendons faillis et collés à l'os, les mauvais genoux, les avant-bras grêles, les cuisses étroi-

« tes et peu musculeuses, les tempéraments mous et le « reste.....

« Mais ce portrait, direz-vous, n'est pas celui du pur « percheron, du cheval de trait bien choisi. — Précisé- « ment, ce n'est pas toujours lui qui donne ces imperfec- « tions et d'autres encore que l'on retrouve à divers « degrés chez ses fils. Il les laisse se reproduire sans modi- « fication, parce qu'il n'a aucune influence, aucune auto- « rité sur sa descendance, et là est l'erreur de ceux qui « le préconisent. »

On ne peut donc opérer une sérieuse amélioration dans une race de chevaux dégénérée, que par des pères qui possèdent à un degré suffisant *l'hérédité, l'atavisme* venant par leurs ascendants de la race pure.

Mais le cheval de pur sang est irritable de caractère, léger dans ses formes, il ne peut être utilisé dans la ferme...

Assurément aussi n'est-ce pas l'étalon de pur sang que l'on conseille aux ruraux.

Il existe un cheval intermédiaire, que l'on appelle en France le *demi-sang*, lequel a du volume, du poids, et en même temps de l'énergie avec un caractère pacifique.

Par cette dénomination, on comprend non-seulement le produit direct de l'étalon de pur sang et de la jument commune, mais encore toute la descendance de cette alliance, confirmée sur elle-même par le métissage avec ou sans nouvelle intervention du pur sang et tendant à former une famille homogène.

Le cheval de cette sorte a hérité dans une certaine mesure des qualités de son auteur de race pure. Mais il tient aussi de ses parents moins illustres, et là est une partie de sa valeur. C'est ce qui le rend apte à plusieurs genres de services. Quelques-uns parmi les demi-sang atteignent l'ampleur du cheval de gros trait.

Comme reproducteur, il vaut ce que vaut sa famille. Si elle est née d'hier, son influence sera nulle ou bien le type pur reparaîtra trop dans les enfants. Si elle est ancienne et confirmée, il sera capable de transmettre son tempérament, ses qualités. Il pourra être employé avec succès pour former des tribus nouvelles de chevaux de trait rapides, ceux qui sont le plus demandés aujourd'hui.

L'étalon demi-sang est-il un élément d'amélioration indiscutable ?.....

Il a été l'objet de nombreuses critiques, de vives polémiques. Avec ce métis, dit-on, on n'opère pas à coup sûr, on s'expose à des imprévus.

La théorie et les principes absolus donnent raison à ces objections.

L'œuvre serait, il est vrai, plus certaine si on débutait par le pur sang, surtout par le pur sang arabe, et si on fabriquait sur place par un métissage bien conduit le reproducteur demi-sang dont on a besoin.

Mais dans la pratique agricole la chose n'est pas possible. Ce serait une entreprise de longue haleine pour laquelle il faudrait sacrifier les revenus des premières années. Les premiers croisements entre extrêmes pourraient, en effet, donner naissance à des produits manqués, à des non-valeurs...

Les agriculteurs ne se résigneront pas à ces pertes à peu près certaines.

Mieux vaut pour eux prendre ailleurs, là où on les façonne avec entente, des demi-sang tout venus.

S'ils sont bien choisis selon les besoins locaux, ils ne seront qu'exceptionnellement l'occasion de déboires, et après quelques générations ils auront profondément modifié la race la plus dégénérée. Leurs premiers-nés ne seront pas *sans reproches*, mais ils vaudront mieux que les mères, ils travailleront aux champs à la satisfaction de leurs détenteurs et ils se vendront convenablement.

La Normandie a été longtemps la seule contrée où on pût trouver facilement des producteurs demi-sang, depuis le carrossier à grandes lignes, jusqu'au *postier*, véritable cheval de trait.

Mais depuis quelques années il s'est formé en Bretagne un groupe que l'on a dénommé Norfolk breton, parce qu'il a eu pour générateur le trotteur anglais dit du Norfolk et la jument bretonne.

Ces nouveaux venus sont remarquables par leur forte et large charpente, par leur vigueur et la rapidité de leur allure.

Le cheval de Norfolk, celui que l'on désigne ainsi sur le continent, et son dérivé français sont assurément les types les plus *réussis* du moteur perfectionné de notre époque, du cheval de trait pour tous les services.

Il sera plus facilement accepté des cultivateurs et des charretiers que l'anglo-normand, parce que ses formes arrondies rappellent celles du cheval commun, et mieux que lui aussi il pourra hâter l'amélioration de nos races secondaires, en leur donnant un caractère d'uniformité qui ajoutera à leur valeur.

En quoi les croisements que nous conseillons, lorsqu'il

en est besoin, sont-ils préférables à ceux que Buffon et Bourgelat préconisaient comme toujours nécessaires et que nous avons déclarés nuisibles ?...

La réponse à cette question se trouve dans chacun des paragraphes qu'on vient de lire.

Ces savants croyaient que la dégénérescence de race était fatale, et que pour l'empêcher il fallait, selon leur expression, *renouveler* le sang. Ils pensaient que l'apport périodique d'un sang étranger, quelle que fût son origine, suffirait pour conjurer le mal. Et sans s'inquiéter des ancêtres de l'individu chargé d'opérer cet apport, sans se préocuper de ses tendances, de son tempérament, ils considéraient chacun comme capable d'opérer par une heureuse combinaison et en transmettant une partie de ses qualités, la régénération désirée.

De ces mélanges sans règle, de ces mixtures de hasard il ne peut résulter que des constitutions dépourvues de fixité, des générations malléables, incapables de résister aux influences extérieures, et par conséquent la variabilité sans bornes, au gré des circonstances locales.

Le croisement tel que nous l'entendons, au contraire, est un dans sa cause et dans son effet; il s'appuie sur l'hérédité et agit par elle dans un même sens. Au lieu de diluer les forces, il les concentre.

Et alors même que les étalons de croisement sont pris dans des familles différentes, s'il procèdent de la race pure, ils ne sont pas en réalité étrangers.

Ainsi entre l'anglo-normand, le Norfolk breton et d'autres analogues, il n'y a en définive qu'une diversité d'appropriation. Mais leur action bienfaisante sur leurs inférieurs vient d'une même source de vie, et tend à un but semblable.

Ils améliorent, ils racent dans une mesure suffisante. Leurs produits de bonne venue se vendent bien. C'en est assez pour les recommander aux éleveurs.

CHAPITRE IV

Une page d'histoire.

Une importante question se pose à la fin de cette étude. L'industrie de l'élevage, tout au moins en ce qui concerne le cheval, peut-elle comme d'autres se suffire à elle-même? Ou bien l'assistance de l'Etat est-elle nécessaire pour assurer sa prospérité?

Deux opinions absolument opposées sont ici en présence.

D'après l'une d'elles, toute intervention officielle dans la direction de la production et de l'élevage du cheval est onéreuse et nuisible... elle est un obstacle à l'initiative privée... La liberté profite plus à l'industrie que la protection.

D'après l'autre opinion, au contraire, la science hippique est trop complexe pour être à la portée de tous. Les dépenses qu'entraînent l'achat, l'entretien, la conservation des bons reproducteurs en nombre suffisant dépassent les forces de la fortune privée. L'industrie de l'élevage du cheval ne peut se passer ni de la direction ni de l'intervention de l'Etat.

Quelques mots d'histoire suffiront pour mettre en lumière la valeur des deux opinions.

Au moyen-âge, il n'y avait pas de haras d'Etat en France; mais les haras particuliers étaient nombreux. Le cheval, à cette époque de guerre, de tournois et de grandes chasses, était un objet de première nécessité en même temps que de grand luxe ; tous les gentilshommes qui devaient au roi le service à cheval, élevaient des chevaux. En modifiant l'ordre politique de son temps, Richelieu détruisit les élevages particuliers qui tenaient lieu d'institutions gouvernementales. « Dès lors, dit le vicomte d'Aure, après « cent autres, l'éducation des chevaux passa en d'autres « mains. En l'absence du riche propriétaire, elle se trouva « livrée en grande partie à des fermiers et ne tarda pas « à décliner, tandis que, à la même époque, elle florissait « en Angleterre par les soins d'une aristocratie triom- « phante. »

La dégénération fut rapide, les races françaises, jusqu'alors célèbres, furent abandonnées par le commerce. La situation s'aggrava à un tel point que, vers le milieu du XVIIe siècle, nos chevaux furent jugés impropres à soutenir les fatigues de la guerre et que notre cavalerie ne se remonta plus qu'à l'étranger. Les mémoires du temps ne laissent aucun doute à cet égard. L'un d'eux, entre autres, attribué au seigneur Querbeal Calloet, est fort explicite (1).

L'Etat dut intervenir. En 1639, Louis XIII ordonnait l'établissement de haras aux frais du trésor public.

Cette première tentative ne donna pas les résultats qu'on en avait espérés, et, en 1765, Colbert procéda à une organisation plus complète. Dans le principe, la nouvelle institution officielle n'était guère autre chose que ce que dans ces derniers temps on a appelé : *encouragement à l'industrie privée*. Les étalons que la France ne pouvait plus fournir étaient achetés à l'étranger et placés chez les cultivateurs à certaines conditions sévères, accompagnées de quelques privilèges. 1690 paraît avoir été l'époque de la plus haute prospérité des haras dans cette période de leur existence. Mais ils ne tardèrent pas à déchoir par suite de la difficulté des temps et des nombreuses guerres qui durèrent jusqu'à la fin du règne de Louis XIV.

La profonde misère dans laquelle étaient tombées la production et l'élève du cheval éveilla l'attention du Conseil de Régence, et, le 22 février 1717, un règlement minutieux sur le service des haras fut adressé aux intendants avec des instructions dont la teneur montre quel prix attachait le gouvernement d'alors à la bonne et sérieuse réorganisation des haras.

L'esprit d'innovation et la haine des choses du passé qui régnaient en 1789, ne devaient pas épargner les haras. Les théories sur la liberté des transactions, sur la puissance de l'initiative privée, sur l'inconvénient de l'intervention et de la concurrence de l'Etat, en grande faveur de nos jours, firent alors leur apparition avec éclat, et, malgré les sages observations qui furent présentées, la destruction des haras d'Etat fut prononcée par l'Assemblée le 29 janvier 1790. Une loi postérieure ordonna la vente des étalons (2).

Les conséquences désastreuses de ces actes inintelligents ne se firent pas attendre. Il y eut bientôt un tel affaiblis-

(1) *France chevaline*, par E. Gayot.

(2) Le nombre des étalons royaux était de 1,115 dont 365 entretenus dans des établissements spéciaux, 750 confiés à des garde-étalons; il y avait de plus 2,124 étalons approuvés, en tout 3,239 étalons.

sement dans la population chevaline, que la Convention fut obligée de prendre des mesures pour arrêter le mal qui chaque jour s'aggravait.

Par une loi du 2 germinal an III elle ordonna la création de sept dépôts d'étalons nationaux (deux seulement purent être organisés, tant les bons étalons étaient devenus rares), et la vente aux particuliers à prix réduits d'étalons et de juments susceptibles de donner de bons produits. En d'autres termes, l'Assemblée révolutionnaire rétablit, sous des noms différents, ce qui existait précédemment.

L'industrie chevaline n'obtint qu'un faible secours de ce que fit pour elle le gouvernement despotique de cette malheureuse époque. Du reste, les réquisitions arbitraires qui se renouvelaient fréquemment étaient un obstacle constant à toute amélioration. La dégénérescence et le dépeuplement continuèrent jusqu'en 1802. Une sécurité relative, les demandes du commerce et de l'armée encouragèrent alors les éleveurs; mais tout manquait pour la bonne production. L'initiative privée était plus que jamais impuissante. L'Etat dut procéder à une nouvelle et plus complète réorganisation des haras. Le 4 juillet 1806, un décret, signé de Schœnnbrünn, ordonna la formation de trente dépôts d'étalons devant contenir au minimum 1,470 et au maximum 1,825 étalons, et de six haras composés chacun de 100 poulinières.

La consommation des chevaux était trop grande sous le premier empire pour que l'influence de ces établissements ait été d'abord bien marquée. Leur utilité, cependant, a été immédiate en ce qu'ils ont préservé d'une complète destruction les sources de la production, et qu'ils ont pu préparer des éléments de rénovation pour des temps meilleurs.

En 1815, la France était épuisée et dépourvue de chevaux. L'administration se mit à l'œuvre et son action ne tarda pas à se faire sentir. Mais les attaques de 1790 se renouvelèrent. Une enquête fut demandée, et, vers 1828, la direction supérieure des haras fut confiée à une commission composée d'hommes spéciaux représentant les diverses opinions sur la matière et présidée par M. le duc des Cars.

« La commission s'occupa pendant six mois à exami-
« ner toutes les parties du service, et à la suite de l'in-
« vestigation la plus scrupuleuse, non-seulement le mode
« administratif fut approuvé, mais encore le système tout

« entier fut proclamé le seul possible et admissible dans « l'état actuel des choses. La *grande majorité* se prononça « en faveur du mode et du régime existants (1), » c'est-à-dire qu'elle reconnut la nécessité de l'intervention de l'Etat, soit par l'entretien d'un certain nombre de reproducteurs, soit par des encouragements de diverses sortes, et qu'elle maintint intégralement l'institution de 1806.

« Cette solution ne faisait pas le compte des théoriciens « ennemis des haras et de l'intervention directe. Les évé- « nements de 1830 les servirent à souhait. L'œuvre de des- « truction fut reprise, la lutte commença violente et achar- « née. De toutes parts on sonna la charge, l'espoir du succès « soutint les assaillants et anima le combat (2). » Une nouvelle commission, dont le ministre, M. d'Argout, se réserve de diriger les travaux, est encore chargée d'étudier la question. On demandait des économies à tout prix. Après une discussion très-approfondie des systèmes qu'on opposait, dans le public et dans les Chambres, au régime établi par le décret de Schœnbrünn, la commission se résigna, sous la pression de son président, à supprimer neuf dépôts d'étalons, entre autres celui de Grenoble; mais elle ne trouva rien qui pût remplacer ce qui existait... Toutefois le personnel des haras subit de mortelles épurations. On mit à la tête des établissements des hommes du jour, auxquels faisaient nécessairement défaut l'expérience et les connaissances pratiques des officiers qu'ils remplaçaient. De cette faute, ajoutée à la suppression de neuf dépôts d'étalons, résultèrent des pertes considérables pour l'industrie chevaline (3).

En 1848, nouvelle révolution, nouvelle guerre contre l'administration des haras, nouvelle commission d'enquête.

Cette commission, présidée par M. Bethmont, comptait plusieurs membres hostiles aux haras, et cependant sa conclusion a été, comme celles des précédentes commissions, que l'intervention officielle et les encouragements directs de l'Etat étaient nécessaires. Elle approuva la marche suivie par l'administration des haras, depuis la dernière enquête de 1832, et reconnut qu'il n'y avait pas d'amélioration sérieuse à espérer en dehors du *sang*. C'est

(1) Comte de Montendre, V. *France chevaline* de Gayot, 1er vol.

(3) Gayot, *France chevaline*, 1er vol.

(2) Gayot id. id.

ce qu'avait déjà proclamé la commission de 1828. Elle émit en outre le vœu :

1° Que l'Etat continuât à posséder des étalons, et conservât dans ces établissements des juments appartenant au type pur anglo-arabe.

2° Que des remontes d'étalons fussent faites en Orient.

3° Que les primes aux étalons approuvés fussent élevées.

Cependant les ennemis des haras, les partisans quand même de *laisser-faire*, trouvèrent un appui dans un groupe de députés appartenant à la même école. Un projet de décret, supprimant l'administration des haras ainsi que les dépôts d'étalons, et attribuant son budget à l'agriculture, fut présenté par eux à l'approbation de leurs collègues. Un instant on put croire que c'en était fait de l'institution hippique ; mais aussitôt que ce projet de décret fut connu, de nombreuses protestations sévèrement motivées (1) furent adressées des départements intéressés dans le débat à l'Assemblée nationale, et le décret ne fut pas voté.

Ces défaites successives n'arrêtèrent pas les hostilités. On continua à répéter que l'administration des haras était une inutilité ruineuse ; qu'elle exerçait un monopole écrasant pour les particuliers ; que, par sa concurrence (2) prépondérante, elle empêchait l'essor naturel de l'industrie privée, etc.

Le mouvement économique qui s'est produit sous le dernier gouvernement devait favoriser ces attaques systématiques. Elles trouvèrent à la cour et dans le ministère des soutiens redoutables. La destruction des haras ou, comme on disait alors, leur transformation, fut de nouveau décidée en principe.

Pour la quatrième fois, la question fut soumise à l'examen d'une commission... et pour la quatrième fois, malgré les puissantes influences qui dominaient dans cette commission présidée par le Prince Napoléon, l'intervention directe de l'État fut déclarée indispensable. Mais, à cette époque, l'initiative du pouvoir était irrésistible. On voulut procéder d'office à la transformation, et émanciper de force l'industrie privée. A cet effet on supprima les jumenteries du Pin et de Pompadour, quatre dépôts d'é-

(1) Voyez l'analyse de ces protestations dans le 1er vol. de la *France chevaline*.

(2) Avec 1,200 ou 1,500 étalons, alors qu'il en faudrait 12,000 pour les 600,000 poulinières.

talons et l'école des haras ; de plus 54 étalons demi-sang, des dépôts du Pin et de Saint-Lô, fort précieux, furent vendus à bas prix, avec l'assurance d'une prime annuelle presque égale au prix de vente (1). Mais, loin de montrer de l'empressement à profiter de ces faveurs, l'industrie privée s'alarma, et elle adressa au Sénat des pétitions dans lesquelles elle blâmait hautement le système nouveau qui devait mettre les richesses étalonières de la France à la merci de la spéculation.

De leur côté, les conseils généraux des départements où on élève le cheval demandèrent le maintien et même l'extension de l'administration des haras, qu'ils considéraient comme un élément de leur richesse agricole et commerciale (2). Le gouvernement dut s'arrêter devant ces manifestations, dont il n'était pas possible de dissimuler l'importance... et bientôt les tristes résultats de sa tentative de transformation l'obligèrent à revenir sur les mesures qu'il avait prescrites.

Les doctrines de la non-intervention étaient donc jugées et condamnées... et cependant, depuis l'avénement de la troisième république, l'existence de l'administration des haras a encore été mise en question. Il ne pouvait en être autrement. Grâce à la sagesse de M. Lambrecht, alors ministre de l'agriculture, la solution n'a pas été brusquée ; après mûre réflexion, on a reconnu, une fois de plus, que rien ne pouvait suppléer à l'action directe de l'Etat, et une loi votée conformément aux conclusions du remarquable rapport de M. Bocher a rendu à l'administration des haras la stabilité qu'une constante hostilité de parti avait ébranlée. La même loi a porté de 1,100 à 2,500 le nombre des étalons que devra entretenir l'Etat, a rétabli la jumenterie de Pompadour.

Si on regarde hors de France, on voit que, dans tous les pays où on produit le cheval, l'Angleterre exceptée, des institutions gouvernementales dirigent et protègent l'élevage. En Russie, en Autriche, en Prusse, en Bavière, en Wurtemberg, en Italie, etc., il y a des dépôts d'étalons, des jumenteries de l'Etat et des encouragements officiels.

En Angleterre, l'intervention directe du gouvernement est inconnue, mais on rencontre partout celle d'une riche

(1) L'étalon Charlemagne et d'autres de même valeur, primés 800 ont été vendus de 1,000 à 1,100. (Sénat du 25 février 1864, discours du comte Boulay de la Meurthe.)

(2) Rapport de M. Goulhot de St-Germain (Séance du Sénat du 18 février 1864.)

aristocratie, qui fait pour la conservation et l'amélioration des races plus que n'a jamais fait l'Etat en France. Et cependant cette protection a été insuffisante. « Il était « facile autrefois de trouver des étalons de mérite dans « le Royaume-Uni, on n'en trouve presque plus... La « cause de cet appauvrissement des races est dans l'absence « d'un établissement public qui conserve au pays les « reproducteurs types. Quelque riches que soient les « grands propriétaires et les fermiers anglais, ils ont ven- « du les meilleurs étalons lorsqu'on est venu du Conti- « nent ou du Nouveau Monde leur en offrir de grands « prix. De là la dégénérescence (1). »

La Société royale d'agriculture d'Irlande constatait, en 1863, que, dans cette contrée renommée pour le nombre et la qualité de ses chevaux, « la dégénérescence des « chevaux propres à la remonte de la cavalerie et de « l'artillerie faisait des progrès si rapides, qu'il était à « craindre que bientôt on ne trouvât que difficilement « des chevaux pour cet usage... » Et son conseil, à l'unanimité, demandait « qu'il fût nommé une commission « royale qui devrait s'enquérir du système adopté en « France, en Autriche et dans les autres pays où c'est « le gouvernement qui s'occupe de la production des « chevaux, et étudier de même ce qui se fait dans les « Indes, où il existe un système de remonte indépendante « de l'industrie privée (2). »

Ajoutons que l'expérience qui a été si désastreuse pour la France au siècle dernier, a été faite récemment en Danemark. L'intervention directe et les établissements hippiques de l'Etat y ont été supprimés pendant quelques années... Il a fallu les rétablir. Ainsi, quoi qu'en disent les économistes étrangers à la pratique et aux intérêts des éleveurs, « l'industrie chevaline n'est pas de celles qui puissent se passer de protection et propérer avec leur seule indépendance (3). » Abandonnée à ses propres forces, elle ne peut que déchoir.

(1) Marquis de Croix. (Séance du Sénat du 25 février 1864.)

(2) *Galignani's messenger* 2 février 1864. — Daily Telegraph 5 janvier 1872. — Haras, mai 1872.

(3) Rapport de M. Goulhot de St-Germain. (Sénat du 18 février 1864.)

6560. — Imprimerie Générale de Lyon, rue Condé, 30. — J.-E. Albert.

R.F.

www.ingramcontent.com/pod-product-compliance
Ingram Content Group UK Ltd.
Pitfield, Milton Keynes, MK11 3LW, UK
UKHW021130230726
13926UKWH00002B/707

9 782013 661423